甜 味

味道书院编委会　编著

中国大百科全书出版社

图书在版编目（CIP）数据

甜味 / 味道书院编委会编著 . -- 北京 : 中国大百科全书出版社， 2025. 1. --（味道书院）. -- ISBN 978-7-5202-1690-6

Ⅰ. TS207.3-49

中国国家版本馆 CIP 数据核字第 2025XZ1453 号

总 策 划：刘 杭　 郭继艳
策划编辑：崇 岩
责任编辑：崇 岩
责任校对：闵 娇
责任印制：王亚青
出版发行：中国大百科全书出版社有限公司
地　　址：北京市西城区阜成门北大街 17 号
邮政编码：100037
电　　话：010-88390811
网　　址：http://www.ecph.com.cn
印　　刷：唐山富达印务有限公司
开　　本：710mm×1000mm　 1/16
印　　张：10
字　　数：100 千字
版　　次：2025 年 1 月第 1 版
印　　次：2025 年 1 月第 1 次印刷
书　　号：ISBN 978-7-5202-1690-6
定　　价：48.00 元

总　序

　　这是一套面向大众、根植于《中国大百科全书》第三版（以下简称百科三版）的百科通俗读物。

　　百科全书是概要记述人类一切门类知识或某一门类知识的完备的工具书。它的主要作用是供人们随时查检需要的知识和事实资料，还具有扩大读者知识视野和帮助人们系统求知的教育作用，常被誉为"没有围墙的大学"。简而言之，它是回答问题的书，是扩展知识的书。

　　中国大百科全书出版社从 1978 年起，陆续编纂出版了《中国大百科全书》第一版、第二版和第三版。这是我国科学文化建设的一项重要基础性、标志性、创新性工程，是在百年未有之大变局和中华民族伟大复兴全局的大背景下，提升我国文化软实力、提高中华文化国际影响力的一项重要举措，具有重大的现实意义和深远的历史意义。

　　百科三版的编纂工作经国务院立项，得到国家各有关部门、全国科学文化研究机构、学术团体、高等院校的大力支持，专家、学者 5 万余人参与编纂，代表了各学科最高的专业水平。专家、作者和编辑人员殚精竭虑，按照习近平总书记的要求，努力将百科三版建设成有中国特色、有国际影响力的权威知识宝库。截至 2023 年底，百科三版通过网站（www.zgbk.com）发布了 50 余万个网络版条目，并陆续出版了一批纸质版学科卷百科全书，将中国的百科全书事业推向了一个新的高度。

　　重文修武，耕读传家，是我们中国人悠久的文化传承。作为出版人，我们以传播科学文化知识为己任，希望通过出版更多优秀的出版物来落实总书记的要求——推动文化繁荣、建设中华民族现代文明，努力建设中国式现代化强国。

　　为了更好地向大众普及科学文化知识，我们从《中国大百科全书》第三版中选取一些条目，通过"人居环境""科学通识""地球知识""工艺美术""动物百科""植物百科""渔猎文明""交通百科"等主题结集成册，精心策划了这套大众版图书。其中每一个主题包含不同数量的分册，不仅保持条目的科学性、知识性、准确性、严谨性，而且具备趣味性、可读性，语言风格和内容深度上更适合非专业读者，希望读者在领略丰富多彩的各领域知识之时，也能了解到书中展示的科学的知识体系。

　　衷心希望广大读者喜爱这套丛书，并敬请对书中不足之处给予批评指正！

《中国大百科全书》编辑部

"味道书院"丛书序

　　味道，是人类与环境世界互动的桥梁之一。它不仅赋予我们美食的享受，也是文化传承、情感交流以及生活体验的重要组成部分。从古至今，人们对味道有着无尽的好奇心和探索欲，"味道书院"丛书便是为满足这种好奇心而诞生。

　　这套丛书将带领读者走进一个丰富多彩的味道世界，探索那些我们日常所熟知的味道背后隐藏的秘密。书中详细解析了酸、甜、苦、辣、咸、香、臭这 7 种味道是如何被我们的感官捕捉，又是怎样影响着我们的生活选择与健康状态。每一种味道都有其独特的魅力和意义：酸不仅仅是醋的味道，它还能在一杯发酵乳酸饮料中唤醒你的清晨；甜不只是糖的甜蜜，它还能是家人团聚时的一块蛋糕带来的温馨；苦不是药物的专利，它能在一杯精心烘焙的咖啡中找到深邃与回味；辣，不仅是辣椒带来的热辣刺激，它还是中国饮食文化中的一个小小符号；咸是大海的味道，它能在一口鲜美的海鲜中让你感受到大自然的馈赠；香不是香水的专属，它还是花朵散发的让你陶醉的芬芳气息；臭不只是臭虫爬过后留下的令人皱眉的异味，它还是特定美食中承载的文化记忆与独特风味。

　　此外，"味道书院"丛书还特别关注现代社会中新兴的味道概念及其应用领域，如甜味剂这类人工调味品的研发进展，以及由谷氨酸等氨基酸引发的海鲜味道是如何被生产出来的，等等。这些内容不仅体现了科学技术的进步，也反映了人们对于愈加丰富多样的味觉体验的追求。

为了便于读者全面地了解味道的本质及其在生活中的广泛应用，编委会依托《中国大百科全书》第三版中食品科学与工程、化学、生物学、中医药、园艺学、渔业等多学科的权威内容，精心策划并推出了"味道书院"丛书。采用图文并茂的形式，将复杂的科学知识转化为易于理解的内容，适合广大读者阅读，为读者提供了一个深入了解和全面认识味道科学的平台。

味道书院丛书编委会

目　录

甜味

甜味是食品中糖、蜜等呈现的滋味，是人们喜爱的味感之一。

甜味的形成机制有 AH/B 生甜团学说和三点接触学说。① AH/B 生甜团学说。在甜味剂的分子结构中存在一个可形成氢键的基团 AH（为质子供给基团），同时存在一个有负电性轨道的原子 B（为质子接受基团），二者接触时彼此以氢键结合，即产生甜味。B 基团与 AH 基团上质子间的距离必须为 2.5 ～ 0.4 纳米且满足立体化学要求，才能相互匹配。甜味强度与形成的氢键强弱有关。②三点接触学说。除 AH/B 基团外，强甜味物质甜味分子中存在一个具有适当立体结构的亲油区（常表示为 γ），其与味蕾中味觉受体的类似亲油区相互吸引。强甜味物质的完整甜味呈味结构中所有的活性单元（AH、B 和 γ）与受体分子形成一个三角形的接触面。γ 部位是强甜味分子的重要特征，它可以促进某些分子向味觉受体部位就位，从而影响味蕾感知的甜味强度。呈味单元 γ 还是不同甜味物质间甜味质量差别的一个重要原因。甜味分子在结构和立体化学上的改变常造成甜味的降低或丧失，甚至产生苦味。

甜味不仅能带给人愉悦，还能改进食品的可口性和食品的某些性质。甜味物质可分为天然和合成两大类。天然甜味剂中多为脂肪羟基化合物，如醇类和糖类，另外氨基酸、醛类、酰胺类、酯类、磺酸化合物、卤代烃等化合物也具有甜味。

第1章
甜度

　　甜度是甜味的刺激强度。糖的甜度高低与糖的分子结构、相对分子质量、分子存在状态相关，也受构型、溶液浓度、湿度、食品中其他成分等因素的影响。其中糖的分子结构对甜度有很大影响。①糖的甜度与其异构体相关。如葡萄糖的 α- 异构体比 β- 异构体甜。②糖的甜度与物质分子中羟基的位置相关。如甘油、木糖醇及山梨糖醇分子中存在相连的羟基基团就有甜味；多元醇羟基间存在一个次甲基则甜味消失，如1,3- 丙二醇没有甜味。③糖的甜度与相邻的两个羟基在空间的构象相关。如相邻两羟基位于差向位置（两羟基处于仅一个手性碳原子构型不同的非对映异构体位置），则对应物质有甜味；位于反向位置或重叠位置（两个碳原子构型不同的非对映异构体位置），则对应物质无甜味。④多元糖醇的 C-1 或 C-2 羟基脱氧，或 C-1 羟基转化为甲氧基时，甜味将失去。⑤单糖聚合物的聚合度直接影响糖的甜度，聚合物增大将使物质的甜味减弱或完全失去，如 α-D- 葡萄糖的甜度为 74，麦芽糖的甜度为 32 ～ 46，淀粉则为 0。⑥蔗糖中果糖上的羟基被氯代后，物质的甜度将增加，如二氯代蔗糖和三氯代蔗糖的甜度分别为蔗糖的 400 倍和 2000 倍。

通常以在水中较稳定的非还原糖蔗糖为基准物（一般以 10% 或 15% 的蔗糖水溶液在 20℃ 时的甜度为 1.0），比较其他甜味剂在同温同浓度下的甜度。这种相对甜度（甜度倍数）称比甜度。尚不能用物理方法和化学方法定量测定甜度，只能采用感官比较法进行测定。这种比较测定法主观性较强，所得的结果常不一致，不同文献中有时差别很大。常见甜味剂的比甜度为：β-D- 果糖 1.5，α-D- 葡萄糖 0.7，α-D- 甘露糖 0.6，α-D- 半乳糖 0.3，α-D- 木糖 0.5，木糖醇 0.9 ~ 1.4。

第 2 章

糖

糖是含多羟基的醛或酮，主要由 C、H、O 三种元素组成，分子中 H 和 O 的比例通常为 2∶1，与水分子中的比例相同，故俗称碳水化合物。

糖是为人体提供热能的三种主要的营养素中最经济的营养素。食物中的糖可分成两类：一类是人类可以吸收利用的，如单糖、双糖、多糖；另一类是人类不能消化的，如纤维素。

糖是一切生物体维持生命活动所需能量的主要来源，不仅是营养物质，有些还具有特殊的生理活性。糖不仅以多糖或寡糖（寡糖通常是指由少于 20 个糖基组成的糖链）的游离形式直接参与生命过程，还以糖缀合物的形式参与生命活动。

部分糖天然存在于食物中（如水果中的果糖、蜂蜜中的葡萄糖、乳中的乳糖等），其他则是添加于食物中。

常见的添加糖的食物包括蛋糕、酥皮糕点、饼干、果汁饮品、浓缩果汁和碳酸饮品（俗称汽水）等。

葡萄糖

葡萄糖是最常见的六碳单糖。分子式 $HOCH_2(CHOH)_4CHO$。又称右旋糖、血糖。因最初是从葡萄汁中分离结晶而得名。葡萄糖是光合作用的产物。以游离或结合的形式，是生物界中最广泛存在的单糖。葡萄、无花果等甜果及蜂蜜中，游离的葡萄糖含量较多。

正常人空腹血浆中葡萄糖浓度为 3.4 ～ 5.6 毫摩 / 升（60 ～ 100 毫克 /100 毫升），尿中一般不含游离葡萄糖，糖尿病患者血浆中和尿中的含量变化较大。血液或尿中游离葡萄糖含量的测定，是临床常规检验的一个项目。更大量的存在形式是结合组成蔗糖、麦芽糖、乳糖、淀粉、糖原、纤维素、半纤维素和苷等。天然的葡萄糖，无论是游离的或是结合的，均属 D 构型，在水溶液中主要以吡喃式构型含氧环存在，为 α 和 β 两种构型的平衡态混合物。市售葡萄糖的分子式为 $C_6H_{12}O_6 \cdot H_2O$，为无色粒状晶体，全称 α-D- 葡萄吡喃糖－水合物。

◆ **性质**

α- 葡萄糖的熔点 146℃，其一水合物熔点 83℃；β- 葡萄糖熔点 148 ～ 155℃。葡萄糖易溶于水，在室温下，饱和水溶液含有 51.3%（重量）的葡萄糖；在有机溶剂中，甚至在乙醇中的溶解度很小。当 α- 葡萄糖溶解在水中时，能部分转化为它的异构体 β- 葡萄糖，达成平衡，平衡混合物的组成为 α：β=37：63，比旋光度从开始的 +112.2 下降到平衡值 +52.7。当 β- 葡萄糖溶解在水中时，比旋光度由 +18.7 逐渐上升到统一的平衡值。

D- 葡萄糖具有一般醛糖的化学性质：在氧化剂作用下，生成葡萄糖酸、葡萄糖二酸或葡萄糖醛酸；在还原剂作用下，生成葡萄糖醇（又称山梨糖醇）。葡萄糖在酸中比较稳定，因而容易被碱降解。在弱碱作用下，葡萄糖可与另两种结构相近的六碳糖——果糖和甘露糖——三者之间通过烯醇式相互转化。

葡萄糖能还原费林试剂和次碘酸盐，这两个反应可以用来测定葡萄糖的含量。葡萄糖还可与苯肼结合，生成葡萄糖脎，后者在结晶形状和熔点方面都与其他糖脎不同，可作为鉴定葡萄糖的手段。

◆ **制法**

葡萄糖过去用 0.25% ～ 0.5% 稀盐酸在 100℃ 水解玉米或马铃薯淀粉制备，现几乎完全由酶水解代替。在淀粉糖化酶的作用下，水解的水溶液中葡萄糖含量可达 90%。在低于 50℃ 时，结晶生成 α- 葡萄糖 - 水合物；在 50℃ 以上的温度下，结晶生成无水的 α- 葡萄糖；当温度超过 115℃ 时，结晶生成无水的 β- 葡萄糖。

◆ **应用**

葡萄糖在人体内直接进入代谢过程。在消化道中，葡萄糖比任何其他单糖容易被吸收，并能直接为组织利用。葡萄糖是生物体内广泛的能量来源，人和动物需要的能量的 50% 来自葡萄糖，每克葡萄糖代谢为二氧化碳和水并释出 16 千焦热能，以腺苷三磷酸形式储存起来，供生长、运动等生命活动之需。

葡萄糖的甜味约为蔗糖的 3/4，主要用于食品工业，如糖果、面包、酿酒等，用于患者输液的葡萄糖也占很大的比重。葡萄糖可还原为葡萄糖醇，用于维生素 C 的合成和氧化为葡萄糖酸，后者的钙盐在医药上提供钙离子；葡萄糖酸进一步氧化生成阿拉伯糖酸，用于维生素 B_2 的合成。

果　糖

果糖是一种六碳糖。主要存在于果实中。果糖和葡萄糖是同分异构体，分子式为 $C_6H_{12}O_6$，葡萄糖为醛己糖，果糖为酮己糖，通过异构化能互相转变。果糖是糖类中较甜的糖，其甜度是蔗糖的 1.5 倍、葡萄糖的 2 倍。

工业化生产果糖以淀粉为原料，经 α- 淀粉酶液化成糊精，由糖化酶将糊精转化成葡萄糖，通过葡萄糖异构酶等生产工艺将葡萄糖的一部分转化成果糖，成为含有果糖和葡萄糖的混合糖浆（简称果葡糖浆）。按果糖含量，果葡糖浆分为三类：第一代果葡糖浆（F42 型）含果糖 42%；第二代果葡糖浆（F55 型）含果糖 55%；第三代果葡糖浆（F90 型）含果糖 90%。不同果糖含量的果葡糖浆的生产工序包括：淀粉液化、糖化、脱色过滤、离子交换、异构化、脱色过滤、离子交换、浓缩（得到 42% 果葡糖浆）、吸附分离（得到 90% 纯果糖浆）、结晶分离（得到 55% 果葡糖浆）。

果糖被预测为 21 世纪全球代替蔗糖、葡萄糖的新型功能性糖源。许多国家利用果糖来制造低能量食品、婴儿食品、病弱者食品等营养食品和疗效食品。果糖用于口服或注射，对许多疾病都有较好的疗效，如肝炎、肝硬化、糖尿病、心血管疾病及作为中毒症的解毒剂等。但由于果糖的长期健康风险问题，未来食品和饮料中对果糖的需求会逐步减少，或减少使用玉米生产的果糖，增加其他来源（如水果和蔬菜）的天然甜味剂的使用。

低聚糖

低聚糖是由 2 ～ 10 个单糖分子通过糖苷键构成的聚合物。其甜度通常只有蔗糖的 30% ～ 60%。又称寡糖。根据糖苷不同，而有不同的名称，如低聚异麦芽糖、低聚果糖、低聚乳糖、低聚甘露糖、乳果糖、棉籽糖等。

低聚糖生产方法大致有 5 种：①从天然原料中抽提，如棉籽糖、水苏糖、大豆低聚糖。②酶转移法，即利用转移酶、水解酶的糖基转移反应生成，如低聚异麦芽糖。③酶水解法，如低聚果糖。④酸碱转移法。⑤化学合成法。工业生产上主要用酶转移和酶水解法。

低聚糖的作用包括：①抑制肠道腐败菌生长，促进双歧杆菌增长，增进肠道蠕动，消除便秘。②使血清中低密度脂蛋白降低，高密度脂蛋白升高，有利于防止心脑血管病。③热值低，不会引起血糖升高和蛀牙。④改善食物中钙的吸收，提高人体免疫力。

低聚糖广泛应用于饮料、乳品、糕点、面包、果冻果浆、糖浆以及动物饲料中。

蔗　糖

蔗糖由葡萄糖的半缩醛羟基和果糖的半缩酮羟基缩合脱水而成，是一种二糖。蔗糖为无色晶体，具有旋光性，但在溶液中不发生变旋现象，也不发生银镜反应。蔗糖在高温下不熔化，加热到 186℃ 发生分解得到焦糖，通过发酵过程得到的焦糖可以用作酱油的增色剂。蔗糖能燃烧，燃烧产物为水和二氧化碳。

蔗糖在水溶液中能发生水解，得到葡萄糖和果糖，但水解速率非常缓慢，在酸性水溶液中水解速率加快，在蔗糖酶的作用下，蔗糖的水解速率大大加快。进入胃部的蔗糖能在胃酸的作用下发生水解，释放出能被人体吸收的葡萄糖和果糖。

蔗糖具有甜味，广泛地被用作食物甜味剂，也能用作防腐剂，在食品工业中具有重要地位。蔗糖主要从自然界中分离得到，尤其以甘蔗和甜菜作为主要来源，是植物光合作用的产物。

麦芽糖

麦芽糖是由两分子葡萄糖通过 α-1,4 葡萄糖苷键所构成的双糖。化学名称是 4-O-α-D- 六环葡萄糖基 -D- 六环葡萄糖（分子式 $C_{12}H_{22}O_{11}$）。由于羟基位置不同而有两种异构体。

麦芽糖的甜度为蔗糖的 40%，物理性质与蔗糖大致相同。麦芽糖的吸湿性低，含一分子结晶水的麦芽糖非常稳定，在 120～130℃ 熔融，适于在食品的表面挂糖衣。用于食品加工的麦芽糖产品有浆状和粉状两种剂型。

麦芽糖浆一般含麦芽糖 50% 左右，而将麦芽糖含量在 50%～70% 的产品称为高麦芽糖浆，将麦芽糖含量超过 70% 的产品称为超高麦芽糖浆。如要制成麦芽糖含量 90% 以上的麦芽糖全粉，可用含麦芽糖 70% 以上的超高麦芽糖浆经真空浓缩、结晶、喷雾干燥制成。纯麦芽糖可用含麦芽糖 80%～90% 的超高麦芽糖浆，选择结晶或吸附、有机溶剂沉淀、膜分离等方法来制造。医学上，用纯麦芽糖做静脉滴注不易引起血糖升高。高麦芽糖浆的制造在切枝酶（普鲁兰酶、异淀粉酶）未生产之前，是用酒精将饴糖中的糊精沉淀出来，反复精制而成，制成率低，价格较高；自切枝酶投产后，生产中采用普鲁兰酶与 β- 淀粉酶协同作用的新工艺，淀粉水解完全，可得到含麦芽糖 90% 的超高麦芽糖浆，是制造硬糖果的优质原料。

异麦芽糖

异麦芽糖是由两分子葡萄糖通过 α-1,6- 葡萄糖苷键所构成的双糖。因与麦芽糖的分子构象不同得名。分子式为 $C_{12}H_{22}O_{11}$，相对分子质量 342.2965。

异麦芽糖的滋味类似于蔗糖，但甜度只有蔗糖的一半。可用于食品、饮料和保健品生产，替代部分蔗糖，改善食品口感，降低甜度。日本、欧盟、美国、澳大利亚和新西兰等国家已将异麦芽糖用作食品中的糖替代品。异麦芽糖为非发酵性低聚糖，添加于食品中不被酵母发酵，可存留在食品中发挥其特性。

鼠李糖

鼠李糖属六碳醛糖，单糖。又称甲基戊糖。分子式 $C_6H_{12}O_5$。鼠李糖为甘露糖 6 位的一个羟基被氢取代的衍生物，即 6- 脱氧甘露糖。

鼠李糖在自然界大多是 L 型，在毒漆藤中以游离形式存在，并且以糖苷的形式广泛存在于植物的多糖、糖苷、植物胶和细菌多糖中。它可由槲皮苷水解制备。鼠李糖具有比较强的甜味。

在水或者乙醇中可得 α-L- 鼠李糖一水合物结晶，熔点 82～92℃，通过加热可失水并有部分转变为 β 构型。在无水丙酮溶液中，如果加入 β-L- 鼠李糖的种晶，则得到 β-L- 鼠李糖（无水），熔点 122～126℃。将含一结晶水的鼠李糖熔融后结晶，也可制得无水 β-L- 鼠李糖，而无水 β-L- 鼠李糖可在潮湿空气中吸水转变为 α-L- 鼠李糖一水合物结晶。

鼠李糖广泛分布于植物中，其甜度为蔗糖的 30%，可用作甜味剂，还可用于生产香精香料。

海藻糖

海藻糖是由两个葡萄糖分子以 1,1- 糖苷键构成的非还原性糖。又称漏芦糖、蕈糖等，属于天然糖类。1832 年由英国科学家威格斯（H.A.L. Wiggers）从黑麦的麦角菌中首次提取，之后通过发酵酵母、灰树花细胞提取或用淀粉经酶转化大量生产。中国从 2000 年开始工业化生产。按有无结晶水可分为无水海藻糖和结晶海藻糖。

海藻糖的甜度约为蔗糖的 45%，具有甜度温和、味感爽口、食后无后味的特点，且对热和酸稳定。由于海藻糖是非还原糖，在与氨基酸、蛋白质共存时，即使加热也不会产生褐变（美拉德反应）。海藻糖吸湿性低，即使相对湿度达 95% 仍不变潮。

海藻糖可防止淀粉老化，防止蛋白质变性，抑制脂质氧化变质，有矫味作用，可保持蔬菜、肉类的组织稳定并具有保鲜作用，还是持久稳定的能量来源。可广泛应用于食品业，如用于饮料、巧克力及糖果、烘烤制品和速冻食品等。

棉籽糖

棉籽糖是天然存在于棉籽中的一种功能性低聚糖。又称蜜三糖。由 1 分子 α-D- 吡喃半乳糖（1-6）、1 分子 α-D- 吡喃葡萄糖（1-2）以及 β-D- 呋喃果糖组成，分子式为 $C_{18}H_{32}O_{16}$，相对分子质量 504.44。含 5 分子结晶水，为长针状晶体，熔点为 80℃，加热至 100℃ 则失去结晶水。熔点为 118 ～ 119℃。易溶于水，微溶于乙醇等有机溶剂。微甜，甜度为蔗糖的 22% ～ 23%。

棉籽糖是一种天然存在的三糖，在棉籽、甜菜、蜂蜜、酵母、马铃薯、豆科植物中都有一定含量，在棉籽中含量最为丰富，达 5% ～ 9%。制备方法有天然提取和酶法合成，提取包括溶剂提取法和酶水解法，提取后的纯化方法包括钙沉淀结晶法、脱色处理法和色谱分离法。

棉籽糖不被人体消化，具有整肠通便的功能。可直接到达人体大肠，为大肠中的双歧杆菌、乳酸杆菌等有益菌提供营养，促进其增殖，并抑制有害菌生长。还具有降低胆固醇、增强免疫力、保护肝脏、减少致癌物的作用。

棉籽糖在食品、医药、化妆品等领域应用广泛，市场前景广阔。

多糖类

　　至少 10 个单糖分子通过糖苷键结合而成的高分子碳水化合物称为多糖。多糖性质与单糖和低聚糖不同，一般不溶于水，无甜味，不能形成结晶，无还原性和变旋现象。多糖也是糖苷，所以可以水解，在水解过程中，往往产生一系列的中间产物，最终完全水解得到单糖。

　　多糖类是构成生命的四大基本物质之一，广泛存在于高等植物、动物、微生物、地衣和海藻等中，如植物的种子、茎和叶组织、动物黏液、昆虫及甲壳动物的壳真菌、细菌的胞内胞外等。多糖在抗肿瘤、抗炎、抗病毒、降血糖、抗衰老、抗凝血、免疫促进等方面发挥着生物活性作用。具有免疫活性的多糖，其衍生物常常还具有其他的活性，如硫酸化多糖具有抗 HIV 活性及抗凝血活性，羧甲基化多糖具有抗肿瘤活性。对多糖的研究与开发已越来越引起人们的广泛关注。

茁霉多糖

　　茁霉多糖是由出芽短梗霉或发酵茁霉变种等真菌产生的胞外多糖。又称短梗霉多糖、普鲁兰多糖。茁霉多糖为均质葡聚糖，分子结构以麦芽三糖为基本单位，通过 α-1,6- 葡萄糖苷键连接而成，间或也出现麦芽四糖。茁霉多糖呈非晶体的白色粉末，为中性多糖，极易溶于水，水溶液呈中性，不溶于油脂、醇类、丙酮、醚和氯仿等有机溶剂，可与水溶性高分子物质如羧甲基纤维素、海藻酸钠和淀粉等互溶。酯化或醚化后，其理化性质将随之改变。根据置换度不同，可分别溶于水、丙酮、氯仿、乙醇及乙酸乙酯等有机溶剂中。常温下黏度受 pH 影响很小，但长时间在 pH3 以下被酸水解黏度将下降，在碱性溶液中加热，将与其他糖一样焦化着色。溶于水后黏性大，涂布性好，所成薄膜光滑透明，透气性较其他高分子膜低，膜的透气性也随含水量增加而增加。酯化后的苗霉多糖只改变其在水中的溶解度而不改变其透气性，在制膜时添加一些糖类（如山梨醇、甘油等）可增加膜的韧性。

在食品工业中可用作增稠剂、抗氧化剂、黏着剂等，用于糖果、饮料、肉食、奶油等食品。也可以用于日用化工、烟草、铸造翻砂、医药等领域。

凝结多糖

凝结多糖是以 β-1,3-D- 葡萄糖苷键构成的水不溶性葡聚糖。又称凝结胶、凝胶多糖、热凝胶。1964 年，日本大阪大学原田教授等人发现，凝结多糖由粪产碱杆菌或放射性土壤杆菌产生。分子式 $(C_6H_{10}O_5)_n$，$n > 250$（$400 \sim 500$）。凝结多糖为白色粉末，不溶于水及有机溶剂，溶于碱液。

凝结多糖悬浮液加热至 54℃ 以上即可发生凝固，形成无色、无味道、无气味的凝胶。加热温度越高、时间越长，凝结强度也越强。其所形成的凝胶具有热不可逆性，对冷冻则较稳定，解冻后可复原。pH 在 2.0 ～ 10.0 范围内较稳定。

凝结多糖因其良好的加工适应性（如保水性、耐冷冻性、耐热性、黏结性和成膜性等）被广泛应用于食品工业。作为品质改良剂，可显著提高食品的品质，改善食品口感。可作为食品主要成分使用，利用其独特的胶凝特性开发生产新型食品，如制作面条性状的豆腐。凝结多糖含膳食纤维98.6%，可用作低热、减肥、防止便秘等功能性食品配料。

1989年，日本和韩国开始将其用作食品胶。1996年，美国食品药品监督管理局批准其作为食品稳定剂、增稠剂用于食品配料。中国台湾也对凝结多糖进行开发并应用于多种食品。

蚌肉多糖

蚌肉多糖是从三角帆蚌肉中经过多次分离和提取得到的葡聚糖。大量研究表明，蚌肉多糖具有免疫调节、抗肿瘤、抗氧化、抑菌等作用。三角帆蚌中多糖含量丰富，研究表明，三角帆蚌肉中总糖含量达11.32%，占干基含量的45.26%，且蚌肉多糖具有多种生物活性，具有广阔的开发前景。蚌肉多糖在2012年被中国国家卫生部批准为新资源食品，这为蚌肉多糖在食品领域的开发和应用提供了更好的依据和研究空间。

蚌肉多糖包括均一多糖6种，具体为鼠李糖、阿拉伯糖、岩藻糖、甘露糖、葡萄糖、半乳糖。分子量最小为2.65×10^5Da，最大为1.74×10^6Da。

甘草酸

甘草酸是甘草次酸的二葡萄糖酸醛苷，分子式$C_{42}H_{62}O_{16}$，分子量822.93。属齐墩果烷类五环三萜皂苷。又称甘草皂苷、甘草精、甘草甜素、甘草酸苷。

存在于豆科甘草属植物中，是甘草的甜味成分。常用中药甘草为植物甘草的根和根茎，其中甘草酸的含量可达 4%～11%。中国药典对中药甘草中甘草酸的含量不得少于 2% 作为其主要的质量指标。

◆ **性质**

常温下为白色或淡黄色结晶性粉末，无臭，有特殊甜味。熔点 220℃，沸点 972℃。相对密度 1.43。难溶于冷水，易溶于热水、乙醇、丙二醇，几乎不溶于乙醚，不溶于油脂。水溶液呈弱酸性，热水溶液冷却后呈黏稠冻胶状。无毒，半数致死量 805 毫克/千克（小鼠，腹腔）。

甘草酸的苷元为甘草次酸，分子式 $C_{30}H_{46}O_4$，含有羟基和羧基。有两种同质异晶体，熔点分别为 300～304℃ 和 287～293℃。该羟基酸与甘草酸一起存在于甘草等植物中，但含量稍低，也可由甘草酸水解获得。有平喘、止咳等多种药理活性，用于复方甘草合剂（棕色合剂）。

◆ **制备方法**

将干燥甘草根粉碎，用水煮沸提取 3 次，合并提取液过滤后浓缩至原体积的 1/5，搅拌下加入浓硫酸至不再析出沉淀为止，静置过夜。收集棕色沉淀，水洗，并在 60℃ 以下干燥磨粉。粉末用丙酮回流提取 3 次，滤除不溶于丙酮的杂质，丙酮液放冷加 20% 氢氧化钾溶液至弱碱性，析出晶体为甘草酸三钾盐，其水溶液加酸即可生成游离甘草酸。

◆ **应用**

在食品方面，甘草酸可制作甜味剂，是一种高甜度低热值的保健甜味剂，其甜度为蔗糖的 250 倍以上。可以用作巧克力、饮料、面包等的增香剂和风味增强剂，还可以在黄色或棕色食品、饮料中兼作天然色素。

在日用品及化妆品中，甘草酸是一种理想的天然保健日用化工原料，也是较理想的口腔、呼吸道的天然缓和清洁剂，可防止皮肤炎、皮肤干燥、日晒、皮疹，并具有润喉等功效。

甘草中主要含甘草酸和甘草次酸，甘草酸及其代谢产物甘草次酸具有诸多药理活性，包括传统的抗炎、抗变态反应、免疫调节、抗肝损伤、促肾上腺皮质激素样，以及抗病毒和抗肿瘤作用。在临床医药方面，甘草酸具有镇咳祛痰的功效，用于治疗胃溃疡、急慢性胃炎、湿疹、皮肤瘙痒、肝炎、高脂血症、乳头瘤病毒、结膜炎，并用于治疗癌症及防治艾滋病。

二氢查耳酮

二氢查耳酮是具有苯并色原酮母核结构且分子量较小的黄酮类化合物。二氢查耳酮为白色针状结晶，相对密度为 0.8075，熔点 152～154℃，微溶于水，溶于稀碱，不溶于乙醚及无机酸。在植物中广泛分布，已从菊科、蔷薇科、杜鹃花科、山矾科、百合科等植物中分离得到，但含量较低。

二氢查耳酮的能量值低（如新橙皮苷二氢查耳酮的能量值仅为蔗糖的 0.1%）。甜味类似水果，甜度大，柑橘苷二氢查耳酮比蔗糖甜 300 倍，新橙皮苷二氢查耳酮比蔗糖甜 2000 倍，适合肥胖患者和糖尿病人食用。另外还具有抗氧化、抗肿瘤、抗糖尿病、抗菌及雌激素样作用。

第 3 章

甜味剂

甜味剂是赋予食品以甜味的食品添加剂。按照来源可分为天然甜味剂和人工合成甜味剂；按照营养价值可分为营养性甜味剂和非营养性甜味剂；按照化学结构和性质分为糖类甜味剂和非糖类甜味剂。糖类甜味剂如蔗糖、葡萄糖、果糖、麦芽糖、果葡糖浆等在中国通常称为糖，并被视为食品；低聚果糖、低聚异麦芽糖、低聚半乳糖等除具有一些甜度外，还具有一定生理活性，多归于食品配料，一般不作为食品添加剂管理；仅蔗糖、葡萄糖、果糖、麦芽糖、果葡糖浆等糖类和非糖类甜味剂作为食品添加剂管理。

一般用相对甜度来表示甜味剂的强度，简称甜度。甜度是甜味剂的重要指标，但不能用物理和化学方法测定，只能通过人的味觉品尝而确定。测定甜度的方法有两种：①将甜味剂配成可被感觉出甜味的最低浓度，即极限浓度，此方法被称为极限浓度法。②将甜味剂配成与蔗糖浓度相同的溶液，然后以蔗糖溶液为标准比较该甜味剂的甜度，此方法被称为相对甜度法。

甜味剂的优点包括：①甜度较高。②不参与机体代谢，不提供能量，尤其适合糖尿病人、肥胖人群和老年人等需要控制能量和碳水化合物摄入的特殊消费群体使用。③不是口腔微生物的作用底物，不会引起牙齿龋变。

食品的甜味是人们最喜爱的基本口感。甜味是调整和协调平衡风味、掩盖异味、增加适口性的重要因素。甜味剂不仅满足消费者对甜味、口感和风味等感官的需求，同时也满足很多食品生产工艺的需要。甜味剂是一类重要的食品添加剂，部分品种使用历史长达100多年。合理使用甜味剂是安全的，但仍需高度关注甜味剂的超范围、超限量使用。世界范围内无糖、低糖食品和饮料产品的开发速度较快，甜味剂部分替代糖的摄入已是全球范围内的一种发展趋势。从长远来看，低热量、高甜度、功能性的非营养性天然甜味剂和复配甜味剂将是甜味剂发展的重要方向。

糖 精

糖精是一种高甜度的非营养性食品添加剂。糖精、糖精胺、糖精钙、糖精钾和糖精钠均为通用名称。化学名邻苯甲酰磺酰亚胺。可分为水不溶性和水溶性两种形式。水不溶性糖精的化学名称为邻苯甲酰磺酰亚胺，相对分子量183.18，熔点228.8～229.7℃，微溶于水、乙醚和氯仿，溶于乙醇、乙酸乙酯、苯和丙酮。水溶性糖精为其钠盐，化学名称为邻苯甲酰磺酰亚胺钠，是常用的甜味剂，分子式为$C_6H_4SO_2NNaCO \cdot 2H_2O$，分子量为241.2，无色至白色正交晶系板状结晶或白色结晶性风化粉末，熔点226～230℃，易溶于水。低浓度糖精钠味甜，浓度大于 0.026% 则味苦，在稀溶液中的甜度可高达蔗糖的 500 倍。耐热及耐碱性弱，溶液煮沸可分解使甜味减弱，酸性条件下加热甜味消失，并可形成苦味的邻氨基磺酰苯甲酸。

主要由甲苯、氯磺酸、邻甲苯胺等化工原料人工合成制得。在中国允许作为食品甜味剂、增味剂。允许应用的食品名称及最大使用量（克 / 千克，以糖精计）分别为：冷冻饮品但不包括食用冰（0.15），杧果干、无花果干（5.0），果酱（0.2），蜜饯凉果（1.0），凉果类（5.0），话化类（5.0），果糕类（5.0），腌渍的蔬菜（0.15），新型豆制品（1.0），熟制豆类（1.0），带壳熟制坚果与籽类（1.2），脱壳熟制坚果与籽类（1.0），复合调味料（0.15），配制酒（0.15）。由于糖精钠安全性一直存在争议，在欧美国家的使用量不断减少，中国政府也采取相应政策减少糖精钠的使用，并规定不允许在婴儿食品中使用。其每日允许摄入量为 0 ～ 5 毫克 / 千克体重。

甜蜜素

甜蜜素是由氨基磺酸与环己胺及 NaOH 反应而制成的低热值新型甜味剂。又称浓缩糖或甜素。化学名称为环己基氨基磺酸钠，分子式 $C_6H_{12}NNaO_3S \cdot nH_2O$（无水型，$n=0$，相对分子质量 201.22；结晶型，$n=2$，相对分子质量 237.25），是环氨酸盐类甜味剂的代表，甜度约为蔗糖的 50 倍。为白色针状、片状结晶或结晶状粉末，熔点 265℃，水溶性 ≥ 100g/L（20℃），几乎不溶于乙醇、乙醚、苯和氯仿，对热、光和空气稳定。加热后略有苦味，分解温度约为 280℃，不发生焦糖化反应。甜味呈现较慢，但持续时间长，甜味较纯正，可替代蔗糖或与蔗糖混合使用。也可以和糖精混合使用，以掩蔽糖精的不良味觉，与糖精的使用比例为 10 ∶ 1 时产品风味效果较好。

甜蜜素是一种非营养型合成甜味剂，一般认为过量使用可能影响健康，美国、英国、日本、加拿大等国家禁止将其用作食品添加剂。中国允许甜蜜素作为甜味剂使用，但是有严格限量要求，GB 2760—2014《食品安全国家标准 食品添加剂使用标准》中对甜蜜素的使用范围和最大添加量（按以环己基氨基磺酸计）有明确规定：可用于冷冻饮品（食用冰不能使用）、水果罐头、腐乳类、饼干、复合调味料、饮料类（包装饮用水不能使用）、配制酒和果冻，最大使用量为 0.65 克 / 千克；可用于果酱、蜜饯凉果、腌渍的蔬菜和熟制豆类，最大使用量为 1.0 克 / 千克；可用于脱壳熟制坚果与籽类，最大使用量为 1.2 克 / 千克；可用于面包和糕点，最大使用量为 1.6 克 / 千克；可用于凉果类、话化类和果糕类，最大使用量为 8.0 克 / 千克。其每日允许摄入量为 0 ～ 11 毫克 / 千克体重。

安赛蜜

安赛蜜是由异氰酸氟磺酰或异氰酸氯磺酰与各种活性亚甲基化合物（包括 α- 未取代酮、β- 二酮、β- 酮酸和 β- 酮酯等）加工而成的食品添加剂。化学名称为乙酰磺胺酸钾，分子式 $C_4H_4SKNO_4$，相对分子质量 201.24。为无色或白色、无臭，有强烈甜味的结晶性粉末，易溶于水，难溶于乙醇等有机溶剂。甜度约为蔗糖的 200 倍，是一种非营养型合成甜味剂。稳定性高，耐光，耐热。1967 年由德国赫斯特公司发明，1983 年被英国批准作为甜味剂，中国于 1992 年批准使用。现有研究表明，按照标准规定合理使用不会对人体健康造成危害。GB 2760—2014《食品安全国家标准 食品添加剂使用标准》对安赛蜜的使用范围和最大添加量有明确规定：可用于风味发酵乳，最大使用量为 0.35 克 / 千克；可用于胶基糖果，最大使用量为 4.0 克 / 千克；可用于熟制坚果与籽类，最大使用量为 3.0 克 / 千克；可用于糖果，最大使用量为 2.0 克 / 千克；可用于餐桌甜味料，最大使用量为 0.04 克 / 份；可用于酱油，最大使用量为 1.0 克 / 千克；可用于乳基甜品罐头、冷冻饮品（饮用冰除外）、水果罐头、果酱、蜜饯类、腌制的蔬菜、加工食用菌和藻类、杂粮罐头、黑芝麻糊、谷类甜品罐头和烘焙食品，最大使用量为 0.3 克 / 千克。每日允许摄入量为 0 ～ 15 毫克 / 千克体重。

甜菊糖苷

甜菊糖苷是从甜叶菊的叶、茎中提取的分子。又称甜菊苷。甜菊糖苷为白色至浅黄色粉末或晶体状形态，易吸湿，易溶于水、乙醇和甲醇，不溶于苯、醚、氯仿等有机溶剂，对热、酸、碱、盐稳定。为非发酵性物质，不会使食品着色。

甜菊糖苷有清凉甜味，甜度为蔗糖的 250 ～ 450 倍，是天然甜味剂中最接近蔗糖的一种。甜味纯正，残留时间长，有轻快凉爽感，浓度高时带有轻微的类似薄荷醇的苦味及一定程度的涩味。一般条件下，在 pH 大于 9 或小于 3 时加热会分解，甜度下降。对其他甜味剂有增强和改善作用，如可增强甘草素或蔗糖的甜味。食用后不被人体吸收，不产生热量，故可作为糖尿病、肥胖病患者良好的非糖天然甜味剂。中国 GB 2760—2014《食品安全国家标准 食品添加剂使用标准》规定：甜菊糖苷可作为甜味剂用于风味发酵乳，最大使用量为 0.2 克 / 千克（以甜菊醇当量计，下同）；可用于冷冻饮品（食用冰除外），最大使用量为 0.5 克 / 千克；可用于蜜饯凉果，最大使用量为 3.3 克 / 千克；可用于熟制坚果与籽类，最大使用量为 1.0 克 / 千克；可用于糖果，最大使用量为 3.5 克 / 千克；可用于糕点，最大使用量为 0.33 克 / 千克；可用于餐桌甜味料，最大使用量为 0.05 克 / 份；可用于调味品，最大使用量为 0.35 克 / 千克；可用于饮料（包装饮用水除外），最大使用量为 0.2 克 / 千克（固体饮料按稀释倍数增加使用量）；可用于果冻，最大使用量为 0.5 克 / 千克（果冻粉按冲调倍数增加使用量）；可用于膨化食品，最大使用量为 0.17 克 / 千克；可用于茶制品（包括调味茶和代用茶类），最大使用量 10.0 克 / 千克。

甘草素

甘草素是从甘草中提取、精制得到的甜味剂。又称甘草甜素、甘草酸。甘草素是由甘草酸与两个分子葡萄糖醛酸组成的糖苷。甘草素为白色结晶性粉末，味甜，难溶于水和稀乙醇，易溶于热水，水溶液呈弱酸性，冷却后呈黏稠状胶冻。

甜度约为蔗糖的 200 倍。与蔗糖等甜味剂不同，甘草素入口后需略过片刻才有甜味感，但留存时间长，且无余酸味。少量甘草素添加到蔗糖中可减少 20% 蔗糖而甜度不变。与蔗糖、糖精复配甜味更好，添加少量柠檬酸效果更佳。无香气，但有增香功能。微生物不可利用甘草素，在腌制食品中用甘草素代替蔗糖可避免添加蔗糖引起的微生物发酵、变色、硬化等现象。

甘草作为中国传统使用的调味料和中草药，长期使用未发现毒副作用。氨水提取甘草素后加铵盐精制可得到甘草酸铵。甘草素与钾碱作用可制得甘草酸钾盐，依加碱量不同，可得到甘草酸一钾和甘草酸三钾。甘草酸铵、甘草酸一钾、甘草酸三钾都具有甜味，是中国允许使用的甜味剂，三者均可按照生产需要适量用于蜜饯凉果、糖果、饼干、肉罐头类、调味品、饮料类（包装饮用水除外）。

甘草苷

甘草苷是存在于豆科植物甘草的根中的黄酮类化合物。分子式 $C_{21}H_{22}O_9$，相对分子质量 418.39398，分子中带 1 分子结晶水。熔点 212℃。在稀乙醇及热水中重结晶时为针状结晶。在乙醇溶液中被镁及盐酸还原后呈紫红色。

甘草苷的甜度为蔗糖的 100～500 倍，甜味消逝缓慢、存留时间长。

作为甜味改良剂或增强剂时，一般与其他甜味剂混合使用。也可以作为增香剂使用，具有很好的增香效果。

甘草苷具有抗癌的生理活性，可使大鼠腹水肝癌及小鼠艾氏腹水癌细胞产生形态学变化。此外，甘草苷还具有保护肝脏的作用。

三氯蔗糖

三氯蔗糖是蔗糖分子上的 4、1′、6′ 位羟基被氯原子取代制得的化合物。又称蔗糖素、蔗糖精。化学名称为 4,1′,6′- 三氯 -4,1′,6′- 三脱氧半乳型蔗糖，分子式为 $C_{12}H_{19}O_8C_{13}$，相对分子质量 397.64。通常为白色粉末状产品，极易溶于水和乙醇，且溶液热稳定性好。性质稳定，化学稳定性高。甜味特性十分类似蔗糖，甜味纯正，但甜度为蔗糖的 600 倍，是世界公认的强力甜味剂。

三氯蔗糖是唯一以蔗糖为原料生产的功能性甜味剂。不被人体吸收，无热量，不会引起龋齿。针对三氯蔗糖的安全性也存在一定争议，但并没有强有力的证据表明其具有致癌性，世界上许多发达国家和发展中国家都批准其使用，中国于 1997 年正式批准使用。中国 GB 2760—2014《食品安全国家标准 食品添加剂使用标准》规定，三氯蔗糖作为甜味剂可用于调制乳、风味发酵乳、调制乳粉和调制奶油粉、冷冻饮品（食用冰除外）、水果干、水果罐头、果酱、蜜饯凉果、酱及酱制品等多类食品中，但最大允许使用量有严格限制。每日允许摄入量为 0 ~ 15毫克 / 千克体重。

阿斯巴甜

阿斯巴甜是由 L- 苯丙氨酸、L- 天冬氨酸等反应制得的食品添加剂。又称天门冬酰苯丙氨酸甲酯。化学名称为 L- 天门冬酰 -L- 苯丙氨酸甲酯。分子式为 $C_{14}H_{18}N_2O_5$，相对分子质量为 294.31。常温下为白色结晶颗粒或粉末，微溶于水和乙醇。阿斯巴甜的稳定性随温度升高而降低，pH 对阿斯巴甜的稳定性影响也较大，强酸或强碱都不利于其稳定。

1965 年，一位美国化学家偶然发现阿斯巴甜具有甜味。其甜味与蔗糖有所不同，可持续较长时间。通过与其他甜味剂复配，可获得与蔗糖更接近的口感。阿斯巴甜的甜度约为蔗糖的 200 倍，因其甜度高、热量低，被作为代糖品广泛应用于乳制品、糖果、饮料、含片、口香糖等食品中。阿斯巴甜在高温条件下会分解而失去甜味，不适用于高温烘焙和烹制的食品。

阿斯巴甜在体内可迅速代谢为天冬氨酸、苯丙氨酸和甲醇。因其代谢产物甲醇及苯丙氨酸具有毒性，阿斯巴甜的安全性一直存在争议，但通常食品中阿斯巴甜的用量极低，因此在许多国家被允许使用。中国在 GB 2760—2014《食品安全国家标准 食品添加剂使用标准》中要求添加阿斯巴甜的食品应标明"阿斯巴甜（含苯丙氨酸）"，每日允许摄入量为 0 ～ 40 毫克 / 千克体重。

果葡糖浆

果葡糖浆是以淀粉为原料，利用酶法对淀粉依次进行液化、糖化和异构化所制得的由葡萄糖和果糖组成的混合糖糖浆。

国际上根据混合糖糖浆中的果糖含量，将其分为果葡糖浆（F42 型，果糖含量 42%）、高果葡糖浆（F55 型，果糖含量 55%）和高纯果葡糖浆（F90 型，果糖含量 90%）三类。

果葡糖浆作为一种可以完全取代蔗糖的甜味剂，具有优良的感官性能、物理性能、化学性能和生物性能。

①感官性能。果葡糖浆中含有较多果糖（42% ～ 90%），具有与蔗糖相似的甜度。低温环境下，β 型果糖会转化成甜度更高的 α 型果糖，因此果葡糖浆具有较强的冷甜特性。

②物理性能。果葡糖浆可以通过构建高糖环境，在果酱、蜜饯类等需要依靠高糖环境抑菌保藏的食品生产中大量使用。果葡糖浆中果糖的不定形结构使其很容易从空气中吸收水分，使果葡糖浆具有较好的持水能力，用于面包生产可使面包保持松软，并延长产品的货架期。此外，果葡糖浆还具有一定的抗结晶性能。

③化学性能。果葡糖浆中的果糖是一种还原糖，具有一定的还原性能，较葡萄糖受热更易分解，发生美拉德反应，赋予食品独特的颜色与风味，广泛应用于酸性饮品生产。

④生物性能。果葡糖浆中的果糖作为单糖，相较于蔗糖，可以直接被酵母菌发酵利用，发酵速度快，可以提高面包等需酵母发酵食品的产品质量与生产效率。

饴 糖

饴糖是淀粉质原料经 α 淀粉酶液化、麦芽（或 β 淀粉酶、真菌淀粉酶）糖化制得的麦芽糖饴。

传统的饴糖生产原料为大米、麦芽浆。大米加水蒸熟成饭，拌入麦芽浆，利用麦芽本身含有淀粉酶在 50 ～ 60℃ 糖化生成以麦芽糖为主要成分的混合糖浆，经过滤、煎熬、浓缩而成。

饴糖中一般含麦芽糖 40% ～ 50%，糊精 25% ～ 30%，葡萄糖 5% 左右，其余为低聚糖。饴糖的外观颜色为淡黄色至棕色，具有麦芽饴糖的气味，甜味温和，是食品加工中使用最广泛的淀粉糖之一。

糖 醇

糖醇通常是由醛糖或酮糖的羰基经还原得到的多元醇。

◆ 分类

糖醇在自然界，特别是在植物界广泛存在。甘油（丙三醇）是最简单的糖醇，是油脂的主要组成成分；木糖醇广泛存在于多种水果、蔬菜以及谷类中；L- 山梨糖醇（或称 D- 葡萄糖醇）广泛存在于许多水果中；D- 甘露糖醇在许多植物（如柿霜、草莓、芹菜、洋葱以及南瓜等）和海洋生物中以游离或结合形式存在，从海带制取碘的工业中，有大量 D- 甘露糖醇副产品。其他常见的糖醇还有赤藓糖醇、乳糖醇、麦芽糖醇以及异麦芽糖醇等。糖醇通常是无色或白色固体，一般具有甜味，可溶于水，但在水中的溶解度较相应的糖为低。

◆ **命名**

醛糖，如 D- 葡萄糖还原得 L- 山梨糖醇。有些糖醇由于分子对称性，成为内消旋体。有些醛糖经还原得到同一个糖醇，如 D- 葡萄糖和 L- 古罗糖经还原均得到 L- 山梨糖醇。酮糖，如 D- 果糖还原时得到 L- 山梨糖醇和 D- 甘露糖醇的混合糖醇，后者也可以从 D- 甘露糖还原而得。糖醇的构型命名（D 或 L）习惯上是按照母体糖的构型而定。因此同一个糖醇可能有两种构型命名，如 L- 山梨糖醇又称 D- 葡萄糖醇。另外在具体糖醇的中文名称上糖常可省略，如甘露糖醇可简称甘露醇。

◆ **制备**

在实验室中，由醛糖还原为糖醇最常用的还原试剂是硼氢化钠，或用钠汞齐，也可用兰尼镍催化还原。工业上多采用催化还原、在碱性介质中电解还原的方法，还出现了酶法、微生物发酵法等安全、环保的生产方法，通常得到的糖醇是混合糖醇。工业上生产木糖醇通常是将从玉米芯、甘蔗渣中提取得到的木聚糖水解成为木糖，再通过镍催化氢化为木糖醇。D- 甘露糖醇则是由海带中提取，也可由 D- 葡萄糖或蔗糖水解后通过电解还原法制得，这时主要产物为 L- 山梨糖醇，但可通过重结晶分开。D- 葡萄糖催化还原则可高产率地制备 L- 山梨糖醇。

◆ **应用**

糖醇具有一定的甜味，在食品工业中常被用于甜味剂、增稠剂等。其中，木糖醇使用最为广泛：其甜味与蔗糖相当，但其能量值低且在肠道中不易被吸收，不改变血糖以及血液胰岛素浓度，所以糖尿病患者可以食用；另外，木糖醇不能被口腔微生物分解，所以不会导致龋齿，被广泛用于口香糖中。D- 甘露糖醇和 L- 山梨糖醇是最重要的两种六碳糖醇。D- 甘露糖醇在医药上作为脱水剂、利尿剂等，在食品工业中可作为添加剂，另外还可作为合成树脂和涂料的原料、增塑剂、合成洗涤剂的助洗剂以及织物柔软剂等。L- 山梨糖醇则用于牙膏、化妆品和作为生产维生素 C 的原料。

D- 葡萄糖醇

D- 葡萄糖醇是由 D- 葡萄糖分子中的羰基还原而得的糖醇。分子式 $C_6H_{14}O_6$。又称 L- 山梨糖醇、L- 古罗糖醇。其广泛存在于蔷薇科属水果（梨、苹果、桃、杏等）中，这些新鲜水果通常含有 D- 葡萄糖醇 5% ～ 10%。此外，红藻含有 D- 葡萄糖醇 13.6%（干重）。在生物体内它是 D- 葡萄糖和 D- 果糖之间酶促相互转化的重要中间体。

含结晶水 D- 葡萄糖醇的熔点低于 100℃；无结晶水的，熔点 110 ～ 112℃。在实验室里 D- 葡萄糖醇由 D- 葡萄糖经硼氢化钠还原或催化氢化反应制备。工业上由 D- 葡萄糖或甘蔗糖蜜经电解还原或加压下催化加氢生产。D- 葡萄糖醇在工业上有广泛的用途，它经微生物氧化制得 L- 山梨糖，是合成维生素 C 的重要原料；它比甘油具有更柔和的吸湿性，可代替甘油用于化妆品制造、制药、造纸等行业。它无毒，微甜，具有令人愉快的香味，可用于糖果、糕点等食品的添加剂，以及糖尿病人食品的甜味剂；它能增加人体对维生素和其他营养剂的吸收。它与脂肪酸反应得到的单酯衍生物，是良好的无毒洗涤剂和乳化剂。

木糖醇

木糖醇是木糖衍生出的糖醇。分子式 $C_5H_{12}O_5$。通常为无色或白色固体，极易溶于水，微溶于乙醇与甲醇。木糖醇是内消旋体。亚稳态结晶木糖醇的熔点为 61～61.5℃，稳定态结晶木糖醇的熔点为 93～94.5℃。木糖醇是从橡树、白桦树、甘蔗渣、玉米芯等植物原料中提取出的一种天然甜味剂，是已知最甜的糖醇。在自然界，木糖醇广泛存在于各种蔬菜、水果及谷物当中，但含量甚低。工业生产木糖醇大都选用含有木聚糖一类的农副产品，如玉米芯、甘蔗渣、棉籽皮、桦木片等，以化学或微生物酶的方法水解制取 D- 木糖，再由 D- 木糖在压力下催化加氢制备。

木糖醇是 D- 葡萄糖代谢的重要中间体，其代谢通过葡萄糖醛酸途径，不需要胰岛素参与，因此适合做糖尿病人的食品。每克木糖醇含有 2.4 卡（约 10 焦）热量，比其他大多数碳水化合物的热量少 40%，可用作高热量白糖的代替品帮助减肥。木糖醇结晶溶解时吸收热量，还具有抗龋和防龋的特性，在嘴里有清凉感觉，能增加薄荷、柠檬、留兰香食品的风味，口香糖中常添加木糖醇 10%～15%。

甘露糖醇

甘露糖醇属天然糖醇。又称甘露醇。分子式为 $C_6H_{14}O_6$，分子量为 182.17。性状为白色结晶或结晶性粉末，晶型多样，无臭、味甜；熔点 166～168℃；在水中易溶解，在乙醇中略溶解，在乙醚等其他常用有机溶剂中几乎不溶解；化学性质稳定，不易被微生物发酵、被空气氧化或与酸碱发生反应。广泛存在于海藻、植物、地衣、菌类等生物体中。

化学史上一般认为，甘露糖醇是法国化学家 J.-L. 普鲁斯特于 1806 年首次从甘露蜜树中分离得到的，并因此而得名；1833 年，德国化学家 J.von 李比希首次确定了它的结构。

在中国，11 世纪或更早时期，虽然并未有甘露糖醇的名称，但是人们已经可以生产得到甘露糖醇纯度较高的柿霜；在明清时期，柿霜也被作为一种常用药物记载在《本草纲目》等书中。现代工业上生产甘露糖醇的主要工艺有两种：一种是以海带为原料进行提取的海带提取法，另一种是以果糖和葡萄糖为原料进行高温高压催化加氢的化学合成法。

甘露糖醇在食品、医药、化工及生物化学等领域都有着非常广泛的应用。《中华人民共和国药典》（2015）中，甘露糖醇项下定义的类别为脱水药；甘露糖醇也可作为填充剂和黏合剂应用于片剂或咀嚼片的制备；可作为脱水剂或渗透性利尿药应用于临床，是治疗急性肾功能衰竭、急性青光眼、脑内压升高、水肿等疾病的药物；同时也是糖尿病患者的代用糖类。甘露糖醇具有多元醇的化学性质，可以发生氧化、酯化、醚化等反应，在化学工业生产中，是表面活性剂、D- 甘露醇硬脂聚氨酯泡沫塑料、醇酸树脂、植物生长调节剂、电镀液稳定剂等的重要原料。

山梨糖醇

山梨糖醇是由葡萄糖经醛糖还原酶作用生成的醇。典型六元醇，属于糖类。分子式 $C_6H_{14}O_6$。又称 D- 山梨糖醇、山梨醇。

山梨糖醇为白色针状结晶（含 0.5 分子结晶水）或结晶性粉末，

无嗅、有甜味，甜度约为蔗糖的60%。广泛存在于海藻、苹果、梨、葡萄等水果及七度灶果实中。虽然山梨糖醇有 D- 山梨糖醇及 L- 山梨糖醇（D- 葡萄糖醇）两种旋光体，实际上人工合成及天然品均为 D 型。山梨糖醇相对分子质量182.18，相对密度1.489，熔点110～112℃（无水物）、89～93℃（0.5分子结晶水合物）、75℃（1分子结晶水合物），沸点295℃（0.467×10^3帕），折射率1.3330。山梨糖醇易溶于水和热乙醇，也溶于吡啶、乙酸、异丙醇、甲醇、丁醇、环己醇、丙酮、酚和二甲基甲酰胺，不溶于其他有机溶剂，有吸湿性。山梨糖醇的每个碳原子上均有一个羟基，可以参加酯化、醚化、氧化、还原反应，也能与许多金属形成配位化合物，进入人体后，很容易被吸收，最终代谢为二氧化碳和水。

工业上通常从天然植物七度灶果实中提取或从水藻中提取山梨糖醇，七度灶果含35%～40%，红藻约含13.6%。此外，也可以利用淀粉、糊精、麦芽糖等多糖类为原料，通过分解、还原，制备山梨糖醇。山梨糖醇应用广泛，可以用作食品添加剂，使蛋糕口感细腻、防止淀粉老化；用于化妆品中，可调节润湿度，有清凉感、甜味和乳化作用；用于香烟、牙膏的保湿等。

第4章

甜味食品和糖料作物

糖制休闲食品

将果蔬原料或半成品经预处理后，利用食糖的保藏作用，通过加糖浓缩，将固形物浓度提高到 65% 左右得到的加工品称为糖制休闲食品。

糖制休闲食品主要有以下品种：①蜜饯类。此类食品保持了果实或果块一定的形状，一般为高糖食品。成品含水量 20% 以上的称蜜饯，含水量 20% 以下的称果脯。②干态蜜饯（果脯）。水果糖制后，再晾干或烘干的制品。如苹果脯、桃脯等。③糖衣蜜饯（返砂蜜饯）。制作干态蜜饯时，为改进产品外观，在其表面蘸敷一层透明胶膜或干燥结晶的糖衣的制品。如橘饼、冬瓜糖等。④糖渍蜜饯。糖制后不再烘干或晾干，成品表面附一层浓糖汁，成半干性制品。或将糖制品直接保存在浓糖液中，如糖青梅、糖柠檬等。⑤加料蜜饯（凉果）。制品不经过蒸煮等加热过程，直接以干鲜果品或果坯拌以辅料后晾晒而成。如话梅、加应子等。⑥果酱类。由果肉加糖煮制成一定稠度的酱状产品，但酱体中仍能见到不完整的肉质片、块。不保持果蔬原来的形态，一般为高糖高酸食品。⑦果泥。由筛滤后的果浆加糖制成稠度较大且质地细腻均匀的半固态制品。制成具有一定稠度且质地均匀一致的酱体时，通常称为"沙司"。⑧果丹皮。由果泥进一步干燥脱水而制成呈柔软薄片的制品。⑨果冻。由果汁加糖浓缩，冷却后呈半透明的凝胶状制品。如果在制果冻的原料中再加入少量的橙皮条（或橘皮片）浓缩，冷却后这些条片较均匀地散布于果浆中，制品通常称为"马茉兰"。⑩果糕。果实煮烂，除去粗硬部分，加入糖、酸、蛋白质等混匀，调成糊状，倒入容器中冷却成型，或经烘干制成松软而多孔的制品。

糖制休闲食品原料广泛，绝大部分果蔬都可以用作糖制原料，一些残次落果和食品加工过程中的废料，也可以加工成各种糖制品。

果　酱

果酱是以水果、果汁或果浆和糖为主要原料，经预处理、煮制、打浆（或破碎）、配料、浓缩、包装等工序制成的酱状产品。按原料分为果酱、果味酱。①果酱。配方中水果、果汁或果浆用量大于或等于25%。②果味酱。配方中水果、果汁或果浆用量小于25%。

按加工工艺分为果酱罐头、其他果酱。①果酱罐头。按罐头工艺生产的果酱产品。②其他果酱。非罐头工艺生产的果酱产品。

按产品用途分为原料类果酱、酸乳类用果酱、冷冻饮品类用果酱、烘焙类用果酱等。①原料类果酱。供应食品生产企业，作为生产其他食品的原辅料的果酱。②酸乳类用果酱。加入酸乳并在其中能够保持稳定状态的果酱。③冷冻饮品类用果酱。加入冰激凌及其他冷冻甜品中的果酱。④烘焙类用果酱。加入烘焙类产品的果酱。⑤其他果酱。除上述外，作为生产其他食品原料的果酱。⑥佐餐类果酱。直接向消费者提供的，佐以其他食品一同食用的果酱。

果酱主要用于涂抹面包或吐司。含糖量偏高，不宜多食。

果　冻

果冻是由果冻胶、甜味剂、增稠剂和香精等加工而成的胶冻食品。根据添加剂的不同可以分为不同的口味，包括黄桃蜜桃果肉果冻、香橙味果冻、蜜橘果肉果冻、蓝莓果肉果冻、果汁果冻、葡萄风味果冻、凤梨味果冻、杧果味布丁、芦荟荔枝味椰果果冻、荔枝味布丁、苹果风味果冻、什锦味果冻等。

将一种或多种水果煮沸后压榨取汁、过滤、澄清，加入砂糖、果胶、柠檬酸或苹果酸、香精等配料，加热浓缩至可溶性固形物65% ～ 70%，装玻璃瓶或马口铁罐制成。制造果冻的理想水果含有足够多的果胶和酸，如苹果、不过熟的酸苹果、柑橘、葡萄、酸樱桃等。用一些含酸和果胶量低的水果制造果冻，可外加酸或果胶进行调整。根据配料及产品要求不同，果冻可分为以下 3 种。纯果冻，采用一种或数种果汁混合，加入砂糖或柠檬酸等配料加热浓缩制成；果胶果冻，用水、果酸（柠檬酸、苹果酸等）、砂糖、香精、色素等按比例配合制成；果胶果实果冻，由果胶果冻和果实果冻混合制成。制造果冻需用果胶、糖、酸和水 4 种基本物质。当果胶、糖、酸在水中达到适合的浓度时，便形成果冻。果冻凝胶结构的连续性受果胶浓度的影响，而其硬度则受酸度和糖浓度的影响。形成凝胶所需要的果胶量与果胶的类型有关，通常以略低于 1% 的用量为宜；形成凝胶的最适 pH 接近于 3.2。当 pH < 3.2 时，凝胶强度缓慢下降；pH > 3.5 时，一般不会形成凝胶。最适的糖浓度含量为 67.5%；糖浓度太高，会造成有黏性的凝胶。

　　加工果冻时，煮沸水果的目的在于最大限度地抽提出果胶、果汁和有水果特征的香味物质。在煮沸抽提过程中，果胶水解酶被破坏。接着用粗滤或压榨从果浆中压出煮沸的果汁，对滤饼可加水进行第二次煮沸并榨汁。过滤除去榨出汁中的悬浮固体。果汁浓缩是制备果冻的重要步骤之一，必须迅速将果胶、糖、酸系统浓缩到凝胶的临界点。延长浓缩时间不仅引起果胶水解和增加酸的蒸发，还会造成香味和颜色的变化。真空浓缩较常压能改进果冻的质量。已发展出连续制造果冻的生产线。如需要将果肉悬浮在凝胶之中，可加入能迅速凝固的果胶。浓缩好的物料趁热装入已消毒的容器中，随即密封，一般不需进一步杀菌。

蜜　饯

　　蜜饯是以多种果蔬为原料，用糖或蜂蜜腌制后而加工制成的食品。蜜饯的原料为桃、杏、李、枣或冬瓜、生姜等果蔬。根据产品性状特点，可将蜜饯分成以下几类：①糖渍类。由果肉加糖共煮，其成品一般浸渍在浓糖液中，果肉细致、味美。表面微有糖液，色鲜肉脆，清甜爽口，原果风味浓郁，色、香、味、形俱佳，其代表产品主要有梅系列产品，以及糖佛手、蜜金柑、无花果等。②返砂类。原料经糖渍糖煮后，成品表面干燥，附有白色糖霜，色泽清新，形状别致，入口酥松，其味甜润，代表产品有枣系列产品，以及苏橘饼、金丝金橘和苏式话梅、九制陈皮、糖杨梅、糖樱桃等。③果脯类。经糖渍煮制后烘干而成，其色泽有棕色、金黄色或琥珀色，鲜明透亮，表面干燥，为稍有黏性的干制品，如苹果脯、梨脯、桃脯、沙果脯等。④话化类。以水果为主要原料，经腌制，添加食品添加剂，加或不加糖，加或不加甘草制成的干态制品。产品有甜、酸、咸等味道，如话梅、话李、话杏、九制陈皮、五香山楂片、甘草榄、甘草金橘等。⑤果丹类。以果蔬为主要原料，经糖熬煮、浸渍或盐腌，干燥后磨碎，成形后制成各种形态的干态制品。如百草丹、陈皮丹、柠檬丹、冰梅丹、酸梅丹、山楂丹、佛手丹等。⑥果糕类。原料加工成酱状，经浓缩干燥，成品呈片、条、块等形状，如酸角糕、百香果糕、山楂糕、山楂条、果丹皮、开胃金橘等。⑦甘草制品。原料采用果坯，配以糖、甘草和其他食品添加剂浸渍处理后，进行干燥，成品有甜、酸、咸等味道，如话梅、甘草榄、九制陈皮、话李。

根据地方风味，蜜饯又可分为以下几类：①雕花蜜饯。雕花蜜饯技艺分布在湖南省怀化市南部、湘黔桂交界的靖州苗族侗族自治县渠阳镇及周边一带。雕花蜜饯是一种独具特色的民族食品，又是美如玉琢、形色别致的工艺品，蕴藏着丰富的民族文化，是美食文化与民族文化结合的民间艺术珍品。主要以未成熟的青皮柚子为原料，先将柚子切成圆形或扇形的均匀薄片，然后在柚片上雕刻出奇花异草、飞禽走兽、龙凤鱼虾、人物器皿、吉祥字画等生动活泼、栩栩如生的图案，然后经过清水漂洗、铜锅沸煮、蔗糖腌酿、翻晒烘烤等多道工序精制而成。②京式蜜饯。也称北京果脯，起源于北京，其中以苹果脯、金丝蜜枣、金糕条最为著名。京式蜜饯的特点是果体透明，表面干燥，配料单纯但用量大，入口柔软，口味浓甜。③杭式蜜饯。旧时称糖色，按工艺分两大类：糖制、蜜浸。主要有糖水青梅、糖水枇杷、话梅、金橘、杏脯等几十味。④广式蜜饯。起源于广州、潮州一带，其中橄榄、糖心莲、糖橘饼、奶油话梅、嘉应子享有盛名。其特点是表面干燥，甘香浓郁或酸甜。⑤苏式蜜饯。起源于苏州，包括产于苏州、上海、无锡等地的蜜饯。其中白糖杨梅最有名。苏式蜜饯的特点是配料品种多，以酸甜、咸甜口味为主，富有回味。⑥闽式蜜饯。起源于福建的泉州、漳州一带。其中以大福果、嘉应子、十香果最为著名。闽式蜜饯的特点是配料品种多、用量大，味甜多香，富有回味。

除作为小吃或零食直接食用外，蜜饯也可以放置于蛋糕、饼干等上起点缀作用。蜜饯已演变成为中国的传统食品名称，主要产地有北京、潮汕、肇庆等。

果　脯

果脯是以新鲜水果为原料，经糖水煮制、浸泡、杀菌、烘干等工序制成的半干食品。果脯种类繁多，主要有苹果脯、酸角脯、杏脯、梨脯、桃脯、太平果脯、青梅、山楂片、果丹皮等。根据含糖量可分为高糖果脯（含糖量高于 55%）和低糖果脯（含糖量低于 55%）。

传统的果脯制作工艺分为原料处理（包括原料去皮、切分、去核、硬化或熏硫处理、漂洗、预煮）、糖制（加糖煮制、加糖腌制、真空梯度浸渍，或以上交叉进行）、烘干、整理包装等工序。

与其他水果制品相比，果脯制品表面干燥，稍有黏性，含水量在 20% 以下。果脯中的高浓度糖可产生较高的渗透压，降低水分活度，抑制细菌和真菌生长，使果脯可在常温下保存较长时间。因此，果脯也是一种水果保藏形式。

浓缩果汁

浓缩果汁是采用物理分离方法从果汁中除去一定比例的天然水分后所得的，具有原料果汁特征的制品。

果汁浓缩方法包括真空浓缩法和冷冻浓缩法。①真空浓缩法。利用液体在低压条件下沸点降低的原理。在低温下进行，能够较好地保持果汁的品质，尽可能避免果汁的色香味受到较大的影响。②冷冻浓缩法。利用冰与水溶液之间的固液相平衡原理，将水以固态冰的形式从溶液中分离。果汁的冷冻浓缩包括 3 个过程，即果汁的冷却、冰晶的形成与扩大、固液分离。该方法在 0℃ 以下的低温进行，不会对果汁的品质造成影响，且低温下化学反应缓慢，可有效抑制微生物繁殖，是最好的果汁浓缩技术。但由于设备投资大，生产能力小，浓缩后产品浓度不高，一般只用于热敏性高、芳香物质含量多的果蔬汁（如柑橘、草莓、菠萝等的果汁）的浓缩。

与原汁相比，果汁浓缩后体积减小，重量减轻，可溶性固形物提高，可以显著降低产品的包装和运输费用，增加产品的保藏性，延长产品的贮藏期。浓缩果汁不仅可以作为果汁或果汁饮料生产的原料，还可以作为其他食品工业的配料，如用于果酒、奶制品、甜点的生产。

蛋　糕

蛋糕是以面粉和高比例的蛋、糖为基本原料制成的含水量较高、质地柔软的糕点。根据其使用的原料、调混方法和面糊性质分为三大类。①面糊类。配方中油脂用量高达面粉的 60% 以上，用以润滑面糊，使其产生柔软的组织，并帮助面糊在搅混过程中融合大量空气产生蓬松作用。一般奶油蛋糕、布丁蛋糕属于此类。②乳沫类。配方特点是不含任何固体油脂，利用蛋液中蛋白质的发泡作用，在面糊搅打和焙烤过程中使蛋糕蓬松。③戚风类。将蛋白和蛋黄分开，先用蛋白与部分糖搅打成泡沫体，蛋黄与其他原料搅匀后，搅入泡沫体烘烤而成。特点是口感特别松软，适合做裱花蛋糕的底坯。

所用原料包括面粉、甜味剂（通常为蔗糖）、黏合剂（一般为鸡蛋，素食主义者可用面筋和淀粉代替）、起酥油（一般为牛油或人造牛油，低脂肪含量的蛋糕会以浓缩果汁代替）、液体（牛奶，水或果汁）、香精和发酵剂（如酵母或者发酵粉）等。

蛋糕制作的关键工序是面糊搅打和焙烤。①面糊搅打。产品种类不同，其投料次序、搅打速度和时间都不同。总的要求是各个配料成分分散均匀，力求向面糊中搅入较多量的空气，并尽量限制面筋的溶胀，以保证产品组织疏松、质地柔软。②焙烤。需在焙烤过程中获得应有的体积和色泽，一般糖、油比重大，温度低，焙烤时间长。

为适应家庭自制随烤随吃蛋糕的需求，国际市场上出现了预混合蛋糕粉一类的商品，使用时只要在这种粉料中加入一定量的水或鲜蛋，稍加混合搅打，入炉经短时焙烤即得成品。

甜味冰

甜味冰是以饮用水、食糖等为主要原料，添加（或不添加）适量食品添加剂，经混合、灭菌、灌装、冷冻等工艺制成的冷冻饮品。甜味冰味甜清爽，外形坚硬结实，还可以做成多种口味，如甜橙味甜味冰、菠萝味甜味冰、西瓜味甜味冰等。适合炎热天气食用，可以消暑解腻。但不宜过量食用，以免刺激肠胃引起不适。在日本，甜味冰也可以作为冰咖啡的甜味剂，冲淡咖啡的苦味，提升咖啡的口感。

甜炼乳

甜炼乳是在牛乳中添加约 17% 的蔗糖后，经杀菌、浓缩至原体积的 38% 左右而制成的黏稠的半液体状乳制品。又称全脂加糖炼乳。

甜炼乳呈黄色，具有蛋黄浆的外观。乳固体含量 ≥ 28%（其中蛋白质含量≥6.8%，脂肪含量≥8.0%），蔗糖含量≤45%。甜炼乳由于含糖量高，渗透压较大，可抑制细菌生长，室温下保存期可长达9个月以上。

甜炼乳生产工艺为：原料奶验收后经预处理、标准化，加入糖浆，经预热、均质、杀菌、真空浓缩、冷却结晶，装入灭菌包装罐，封罐，包装检验后即成成品。

甜炼乳主要用作饮料及食品加工的原料，一般供佐餐用，添加于咖啡、红茶，也用于制作冰激凌、糖果和糕点。以往甜炼乳曾普遍地用于哺育婴儿。随着营养学的发展，已证明甜炼乳蔗糖含量过多，不宜用于哺育婴儿。

甘 蔗

甘蔗栽培种

甘蔗是禾本科蔗属一年生或多年生热带和亚热带草本植物。世界上甘蔗属植物有6个种，其中4个为栽培种，即热带种、中国种、印度种和肉质花穗种；2个为野生种，即割手密野生种和大茎野生种。但糖蔗大多为种间杂交后代衍生选育的品种。甘蔗适合栽种于土壤肥沃、阳光充足、冬夏温差大的地方。中国台湾、福建、广东、海南、广西、四川、云南等南方热带地区广泛种植。

◆ **起源与分布**

关于甘蔗的分类和地理起源，学术界尚无统一定论，普遍的看法是甘蔗可能起源于印度、南太平洋岛国新几内亚以及中国，这 3 个国家或地区具有极其丰富的甘蔗野生资源，是甘蔗的起源中心地带。

甘蔗热带种

甘蔗糖生产相对集中，主要是沿着地球南北回归线区域分布在南美洲、加勒比海地区、大洋洲、亚洲、非洲等热带、亚热带国家，且多数是第三世界国家，如巴西、印度、泰国、古巴等。巴西的甘蔗产糖量位居世界第一。巴西气候适宜种植甘蔗，蔗区主要集中在中南部和东北部两个地区，是世界上唯一每年有两次甘蔗收获和加工期的国家。巴西的甘蔗除了用于生产糖外，还有超过一半的甘蔗用于生产酒精。印度是世界第二大甘蔗产糖国，第一大白糖消费国，印度的产糖量过去也曾长时间位居世界第一位。泰国地处东南亚，大部分地区属于热带季风气候，土地肥沃，土层深厚，非常适合发展甘蔗生产。中国糖业是中国农业的支柱产业之一，甘蔗糖主要分布在广西、广东、台湾、福建、海南、云南、四川等地。发达国家中，美国和澳大利亚的甘蔗种植面积也较大，而且生产水平高，研究也较深入。

◆ **形态特征**

甘蔗根系属须根系，分为种根和苗根。种根又称临时根，是从种植茎节上的根点生长出来的，较细，活力较差。苗根又称永久根，是由种植茎发芽的植株基部节上根点萌发长出来的，生长粗壮且旺盛。

甘蔗茎分主茎和分蘖茎，由节和节间组成。茎高一般 2 米至 5 米，茎粗一般 2 厘米至 5 厘米，共有 20 ～ 40 节。茎呈圆柱形，或实心或有空圃心，内部为薄壁细胞和维管束。节上至生长带下至叶痕，包括生长带、根带、芽和叶痕，芽可分为 9 种形状（三角形、椭圆形、倒卵形、五角形、菱形、圆形、卵圆形、长方形、鸟嘴形）。节间是叶痕以下至生长带以上的蔗茎部分。节间可分为 6 种形状（圆筒形、腰鼓形、细腰形、圆锥形、倒圆锥形、弯曲形），节间曝光前后颜色不一样，呈黄色至紫色。节间表面或有蜡粉带，或有木栓斑块，或有木栓条纹，或有水裂（生长裂缝），或有芽沟。

甘蔗叶由叶片、叶环和叶鞘组成。叶环由叶舌、叶耳和肥厚带等构成，内外叶耳呈三角形等不同形状或没有（退化），肥厚带位于叶环上方的两边，具有伸缩性和弹性，可调节叶片的伸展角度；叶鞘从叶痕（鞘基）长出，表面或有背毛群（57 号毛群），叶片着于叶环上方。甘蔗叶姿呈披散或挺直或挺直叶尖下垂，叶长一般 0.5 ～ 1.5 米，叶宽一般 4 ～ 6 厘米，叶色黄绿至紫色，叶片表面无毛，叶片中脉呈白色且粗壮，叶边缘有锯齿。

甘蔗花序可分为圆锥形、箭嘴形、扫帚形 3 种形状，花序颜色呈灰白或淡紫或紫红，长 30 厘米至 60 厘米，由花序轴、小穗和小花组成。花序轴由主轴和支轴组成并长有毛；小穗分为有柄和无柄，小花两性，由第一外稃、第二外稃和内稃（小颖）包被着，雄蕊（花药）3 ～ 4 枚，花药包被着花粉，子房 1 室，含 1 胚珠和 3 ～ 4 枚花柱，花柱头呈羽状。

一般从上到下、从外到里的顺序开花散粉，开花时间一般在 11 月至次年 1 月份，花期 5 ～ 10 天。

甘蔗种子（果实）在杂交授粉后 20 ～ 25 天处于乳熟期，种子是乳白色的；25 ～ 30 天处于蜡熟期，种子为淡乳黄色到淡黄棕色；30 ～ 35 天处于完熟期，种子为淡黄棕色到棕色，外壳硬，会自然脱落。甘蔗种子由种皮、果皮、胚乳和胚组成，种皮和果皮不易分离，为颖果，极小，大约 1.5 毫米 ×0.5 毫米，种子表面有绒毛，一穗有种子 5 ～ 15 克。种子不经处理一般 3 ～ 4 个月就会失去活性，需用高密度塑料袋封装后贮藏于 -15℃ 冰箱。种子在培养皿中以清水和滤纸为基质，保持 24 小时光照和温度 32℃，3 天左右可发芽。

甘蔗热带种染色体数目 $2n=80$，染色体基数 $x=10$，核型大部分为 2B 型。热带种杂交后代的栽培种属异源杂合非整倍体和多倍体，染色体数目较多，一般在 $2n > 100$。

◆ **生长习性**

甘蔗属 C_4 作物，为高大实心草本，也有部分为空心和浦心。甘蔗的植株由根、茎、叶、花和种子几部分组成。甘蔗根的主要功能为：①固定植株。②从土壤中吸收水分和养分，供植株利用。实践证明，甘蔗的高产优质栽培必须有一个发育良好的根系。甘蔗叶的主要功能为：①进行光合作用，制造有机养分。②进行蒸腾作用，调节叶片温度。在亚热带蔗区栽培，甘蔗一般不抽穗、开花。

◆ **分类**

按用途分

①糖蔗。用于制糖的甘蔗，含糖量高，耐粗泛栽培，大多为种间杂

交后代选育的品种，少数为栽培原种。②果蔗。用于生食的甘蔗，蔗较粗大，纤维含量低，松软、出蔗率高，含糖量中等。大多为热带种，少量的为中国种及种间杂交后代选育的品种。③饲料蔗。生长快速，中小茎，可一年多季收割，生物量高，作为饲草动物的青饲料。④能源甘蔗。包括具有高可发酵糖含量，用于生产燃料乙醇的甘蔗；以及具高纤维含量，用于发电的甘蔗。还可分为能源专甘蔗和糖能兼用甘蔗。利用甘蔗生产乙醇具有工艺流程简单，生产效率高、生产耗能自给和废液零排放等优点。⑤纤维甘蔗。具高纤维含量，以利用其纤维为主的甘蔗。

按熟期分

按工艺成熟期划分，可分为早熟品种、晚熟品种和中熟品种三类。①早熟品种。在榨季早期蔗糖分高，能为糖厂提供早熟原料蔗，有利于糖厂提早开榨。②晚熟品种。榨季早期糖分低，到榨季后期糖分才高。③中熟品种。介于早熟品种和晚熟品种二者之间。

按含糖量分

①高糖品种。11 月至翌年 3 月的平均甘蔗蔗糖分 ≥ 14.5%。②低糖品种。11 月至翌年 3 月的平均甘蔗蔗糖分 ≤ 13.5。③糖分一般品种。13.5% < 11 月至翌年 3 月的平均甘蔗蔗糖分 < 14.5%。

◆ **价值**

甘蔗是温带和热带农作物，是制造蔗糖的原料，且可提炼乙醇作为能源替代品。全世界有 100 多个国家出产甘蔗，主要的甘蔗生产国是巴西、印度和中国。甘蔗中含有丰富的糖分、水分，还含有对人体新陈代谢非常有益的各种维生素、脂肪、蛋白质、有机酸、钙、铁等物质，主要用于制糖。

甜　菜

甜菜是藜科甜菜属二年生草本植物。

◆ 起源与分布

甜菜原产于欧洲西部和南部沿海，在中国主要作为糖料作物种植于新疆、内蒙古、黑龙江等地。甜菜在深且富含有机质的松软土壤上生长良好，另有少数饲用和叶用甜菜栽培。

◆ 形态特征

甜菜根圆锥状至纺锤状，多汁。茎直立或半直立，长 20 ～ 30 厘米，叶宽 10 ～ 15 厘米，皱缩

甜菜

略有光泽全缘或略呈波状，先端钝，基部楔形、截形或略呈心形；卵形或披针状矩圆形。花 2 ～ 3 朵，胞果下部陷在硬化的花被内，上部稍肉质。种子双凸镜形，直径 2 ～ 3 毫米，红褐色，有光泽；胚环形，苍白色；胚乳粉状，白色。花期 5 ～ 6 月，果期 7 月。

◆ 生长习性

甜菜第一年进行营养生长，形成产品器官，第二年抽薹开花结籽。喜冷凉气候，但较耐寒，在冷凉季节长成的肉质根糖分高，肉色深，品质好，在炎热季节长成的肉质根，其内部常出现白色的圈纹，品质差。发芽适宜温度为 25℃。其生长温度为 12 ～ 26℃。对土壤适应强，在排水良好、疏松、肥沃的冲积土上种植生长最好。土壤适宜的 pH 为 7 ～ 8。

生长期适宜的土壤水分为田间最大持水量的 60%。

西北和华北甜菜产区是中国主要产区，气候特点是昼夜温差较大，日光充足，热辐射量高，全年 ≥ 10℃ 积温 2800 ～ 3200℃·日，甜菜生育期日照时数 1300 ～ 1600 小时，有利于甜菜糖分的积累，全年无霜期 120 ～ 140 天。全年降水量 300 ～ 370 毫米，且多集中于 7 ～ 9 月，水热同期有利于甜菜生长发育。

◆ 甜菜种子加工

根据种子类型及生产需要，中国已有四种不同类型的甜菜种子加工工艺投入应用：①自然种清选线，对多粒种清选、去杂。②自然种磨光拌药线，磨光、清选、去杂、拌药。③机械单粒制粒线，将多粒种清选、去杂、磨光、剥裂成单粒再筛选。④遗传单粒丸粒化工艺，加工、磨光、清选、制成丸粒。

甜 瓜

甜瓜是葫芦科甜瓜属一年生蔓性草本植物。又称香瓜、白兰瓜、哈密瓜。以果实供食用。甜瓜为中国最早作为果品的瓜类。《诗经》等古籍多有之，贾思勰《齐民要术》中称为小瓜，以区别于古已有之的冬瓜（大瓜）。甜瓜在中国至少已有 2000 多年的栽培历史。中国南北地区都有分布，为夏令水果。世界许多国家都有种植。

◆ 形态和类型

根系发达，分布广，具较强耐旱能力。茎蔓生多分枝（子蔓和孙蔓）。卷须纤细。叶柄长 8 ～ 12 厘米，具槽沟及短刚毛。叶片厚，近圆形或肾形。花单性，雌雄同株。雄花数朵簇生于叶腋，花梗纤细，花萼筒狭钟形，花冠黄色，雄蕊 3，退化雌蕊长约 1 毫米。雌花单生，花梗较粗，子房下位，长椭圆形，花柱长 1 ～ 2 毫米，柱头靠合。果实的形状、颜色因品种而异，通常为球形或长椭圆形，果皮平滑，有纵沟纹或斑纹，无刺状突起，果肉白色、黄色或绿色，有香甜味。种子白色或黄白色，卵形或长圆形，先端尖，基部钝，表面光滑，无边缘。种子着生于心皮的边缘，属于侧膜胎座，每个心皮中央皆有一片由中肋衍生形成的假隔膜。

甜瓜果实剖面

甜瓜有薄皮甜瓜和厚皮甜瓜之分。薄皮甜瓜原产于中国，属东亚生态型，较耐湿润气候，抗病性强，适应性广，中国各地都有种植，但以黄河、淮河流域，长江中下游及东北松辽平原一带栽培最为广泛。主要变种有：香瓜（普通甜瓜）、越瓜（梢瓜）、菜瓜。厚皮甜瓜原产于非洲，中亚和西南亚被认为是第二起源中心。中国西北的新疆、甘肃和内蒙古干旱地区有分布，俄罗斯也广泛栽培。属中非生态型，适宜高温干燥气候。忌湿，要求充足的光照和较大的温差。果皮厚硬，瓜瓤淡薄无味，但果肉香

薄皮甜瓜

甜浓郁可口。耐储运。主要变种有网纹甜瓜、粗皮甜瓜、光皮甜瓜。

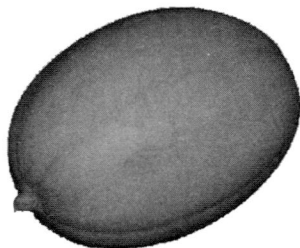

厚皮甜瓜

◆ 用途

甜瓜成熟果含糖量 8% ～ 15%。果实成熟过程中，初期主要是葡萄糖的积累，后期蔗糖增多，葡萄糖降低。

神秘果

神秘果是被子植物真双子叶植物杜鹃花目山榄科神秘果属的一种。名出《中国植物志》，因食用其果实后一段时间内再食用酸的食品会变甜而得名。原产于西非。中国云南西双版纳有引种栽培。

常绿灌木或小乔木，高 2 ～ 4.5 米；髓部、皮层和叶肉有分泌硬橡胶的乳管，幼嫩部分常被锈色毛。单叶，互生，近对生或对生，有时聚生于枝顶，革质，倒卵形至倒卵状披针形，先端钝或突尖，基部楔形至急尖，长 5 ～ 10 厘米，宽 2 ～ 4 厘米，侧脉每边 12 ～ 13 条；具托叶，上面无毛，下面被柔毛；叶柄 4 ～ 5 毫米。花常两性，辐射对称，单生、簇生或排成聚伞花序；萼片 4 ～ 6 裂，通常 5 裂，3 ～ 4 毫米长，基部合生，外面被锈色毛；花冠常与花萼同长，合瓣，4 ～ 6 裂，白色，在花冠里面有 5 个花瓣状附属物，与花冠基部合生，但较花瓣窄，向顶端渐狭；雄蕊 4 ～ 6，与花冠裂片对生；能育雄蕊着生于花冠裂片基部或花冠管喉部，与花冠裂片同数对生，分离，花药 2 室，药室纵裂；退化雄蕊有或无；心皮 4 ～ 5，合生，子房上位，密被毛，4 ～ 5 室，中轴胎座，花柱单一，通常顶端分裂，柱头不明显。浆果长圆形，成熟时红色，果肉近果皮处有厚壁组织而成薄革质至骨质外皮，长约 2 厘米，内有 1 粒大种子。一年四季可结果。

神秘果的花

果实能分泌出一种可改变食物味道的糖蛋白（miraculin），作用于舌头的味蕾，能使酸变甜。国外产地居民用来调节酸面包、酸棕榈酒等食物的味道。

神秘果的果

糖　枫

糖枫是槭树科槭属落叶大乔木。又称糖槭、美洲糖槭。糖枫是一种糖源植物。原产于北美洲。中国东北、华东及华南地区有引种栽培。

◆ 形态特征

高达 40 米。叶掌状 3 ～ 6 裂，缘有疏齿裂，表面亮绿色，背面银白色。叶子绿色，秋季变为美丽的黄色或红色，是城市公园及广场的理想树种，也是优良的用材树种。花粉红色，无花瓣，叶前开放。翅果之两翅几成直角。

◆ **生长习性**

糖枫容易栽植与移植，成长速度快。喜光，耐寒性较强，喜湿润、深厚土壤。不抗空气污染、持续高热、干旱和盐碱。在压实的土壤中发育不好，对盐类的耐受度极低，对硼尤为敏感。

◆ **主要价值**

糖枫分泌的树液中含糖分 3% ～ 5%，高的可达 10%。一般 15 ～ 20 年的糖枫可以开始钻孔采割糖液。每株树干周围钻 1 ～ 4 个孔，每孔一年可流 80 升左右，连续采集时间可达 50 年以上。只要采割适当，不会影响树木的生长，树液采割完后，树干仍然可以作为优质木材使用。大量推广种植糖枫，既能制糖，又能用材，还可以绿化环境。①制糖原料。从树干流出的液汁，可制砂糖，熬制成的糖叫枫糖或槭糖。液汁浓缩成糖浆食用和或再蒸煮为砂糖"枫糖浆"，具有特殊风味，还常用于制造蜜饯、糖果或烟草调味。枫糖浆是食品加工业的珍贵原料，常用于制作糕点和冷饮，也可加工成各种软糖和硬糖。②经济用材。糖枫木质坚硬，为珍贵的家具及地板材料。保龄球道及保龄球瓶常用糖枫木材为材料，亦被拿来应用于篮球场，制造乐器，如提琴类乐器的侧边及背面，吉他的颈部，以及鼓壳。

甜叶菊

甜叶菊是被子植物真双子叶植物菊目菊科甜叶菊属的一种。原产于南美巴拉圭和巴西交界的高山地区。自 1977 年以来，中国北京、河北、陕西、江苏、安徽、福建、湖南、云南等地均有引种栽培。

甜叶菊为多年生草本植物，株高达 1 米，茎下部木质、坚硬，上部多分枝。叶对生，倒卵形、匙状披针形或扳针形，先端钝圆、有钝圆锯齿，基部渐窄下延，两面均被短毛。头状花序小、多数，排列成疏散的伞房花序，总苞筒状，总苞片 5 ～ 6 层，披针形，外面被短毛；花两性、筒状，花冠白色，5 裂；雄蕊外露，花药先端有附属体，基部钝圆；花柱柱头 2 裂，外露，反卷；瘦果线形，稍扁，褐色，具淡黄色冠毛。花期 7 ～ 9 月，果期 9 ～ 11 月。

叶中富含菊糖苷，提取的糖体结晶物的甜度是蔗糖的 300 倍，因此成为食品工业的重要甜味剂。

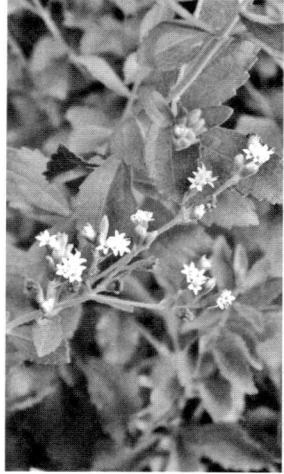

甜叶菊的花

椰　枣

椰枣是棕榈科刺葵属乔木状植物。又称波斯枣、番枣、伊拉克枣。椰枣原产地大约在北非的沙漠绿洲或是亚洲西南部的波斯湾周围地区。南美、南亚各国及澳大利亚都有引种。唐代传入中国，福建、广东、广西、云南、新疆等地有引种栽培。因外观像椰子树、果实像枣而得名。

椰枣树高达 35 米，茎部具宿存的叶柄基，上部叶斜升，下部叶下垂，形成一个较稀疏的头状树冠。叶长达 6 米。果实为浆果，长圆形或长圆状椭圆形，似枣子，长 3.5～7 厘米，成熟时深橙黄色，果肉肥厚。树龄可达百年，具有耐旱、耐碱、耐热且喜欢潮湿的特点。

椰枣树

椰枣营养丰富，含有对人体有用的多种维生素和天然糖分，例如富含果糖，果糖的血糖生成指数最低，因此可供糖尿病患者适量食用。椰枣里面浸出的糖汁经过凝结可作为调料，常用于煮肉，甜而不腻。椰枣性甘、温、无毒，《本草纲目》称无漏子，有补中益气、止咳润肺、化痰平喘的功效。椰枣果肉味甜，既可作粮食和果品，又是制糖、酿酒的原料，可以制成各种糖果、高级糖浆、饼干和菜肴，以及制醋和酒精。椰枣树树形美观，常作观赏植物；树干可作建筑材料，用来建造农舍、桥梁；枝条可以制作椅子、睡床，以及装运水果、蔬菜、鸡鸭、鱼虾的筐子；叶子可以用来编席子、捆扫帚、制托盘等，还可作燃料；枣核可作饲料。

糖　棕

糖棕是被子植物单子叶植物棕榈目棕榈科糖棕属的一种。由于其花序梗可割取汁液制糖，故而得名。原产于亚洲热带地区和非洲。中国华南、云南西双版纳有栽培。喜生于干燥、阳光充足、气候温暖的环境中，怕寒冷。

　　糖棕是多年生木本植物，植株粗壮高大，一般高 8 ～ 20 米，径 45 ～ 60 厘米，最粗可达 90 厘米。叶大型掌状深裂，近圆形，直径达 1 ～ 1.5 米，有裂片 60 ～ 80，裂至中部，披针形，先端 2 裂，叶柄粗壮达 1 米长，边缘具齿状刺，叶柄顶端延伸为中肋直至叶片的中部，基部高度木质化。花雌雄异株，花序天，生于叶腋，由几个张开的佛焰苞包着。雄株的花序具 3 ～ 5 个分枝，每个分枝长约 35 厘米或更长，每个分枝具有 1 ～ 3 个小穗轴，小穗轴长约 25 厘米；雄花小，多数，黄色，着生于小穗轴上小苞片的凹穴里，萼片 3，下部合生，花瓣 3，较短，匙形，

糖棕植株

糖棕的叶

雄蕊 6，花丝与花冠合生，花药大；雌株花序约有 4 个分枝，每个分枝长 30 ～ 50 厘米，粗壮，每个分枝上的小穗轴长 20 ～ 25 厘米；每个小穗轴约有 8 ～ 16 朵螺旋状排列的雌花，花较大，径约 2.5 厘米，具有 2 个小苞片，萼片 3，花瓣 3，具有退化雄蕊 6 ～ 9；雌蕊 3 心皮合生，每心皮具一基着的直生胚珠。果实大，近球形，压扁，直径 10 ～ 15（～ 20）厘

糖棕的果实

米，外果皮光滑，黑褐色，中果皮纤维质，内果皮有 3（～1）个硬的分果核包着种子。种子通常 3 颗，胚乳角质，中央有 1 空腔，胚近顶生。染色体数 $2n=36$。

糖棕具有很高的经济价值。在印度、缅甸、斯里兰卡、马来西亚等主产国，人们利用其粗壮的花序梗割取汁液制糖、酿酒、制醋和饮料。叶片和贝叶棕的叶片一样，可用来刻写文字或经文，还可盖屋顶、编席子和篮子；果实未熟时，在种子里面有一层凝胶状胚乳和少量清凉的水可食用；种子萌发出的嫩芽和肉质根也可食用；树干外面的木质坚硬的叶柄部分可用来做橡子、木桩和围栏等。糖棕也是很好的庭院观赏树种。

西非竹芋

西非竹芋是竹芋科竹芋属多年生草本植物。又称卡坦菲。西非竹芋主要分布在塞拉利昂到扎伊尔一带的热带雨林区，在中非、安哥拉等地也有分布。

西非竹芋株高可达 3 米。叶宽大，椭圆形，薄如纸。短穗状花序，着生于近地面的叶柄上隆起的基部，每个花序成对生长着约 12 对花，花紫红色。通常只 2～3 对或偶尔有 4～5 对开花结果。果实为三角形的肉质果。

从该植物中提取出来的卡坦精（thaumatin）被称为世界上最甜的物质，是卡坦菲受类病毒攻击而产生的一种病原相关蛋白。

第 5 章

制糖

从甘蔗或甜菜等含糖植物中提取蔗糖的工业生产过程称为制糖。产品有白砂糖、赤砂糖、绵白糖、方糖、冰糖等，统称食糖，是人类自古以来最重要的甜味食品和食品佐料。从 20 世纪 70 年代起，全世界的年产糖总量已达 1 亿吨左右，其中约 60% 由甘蔗制得，约 40% 由甜菜制得。

◆ 发展

人类最早的甜味食品大概是蜂蜜和饴糖。公元前 300 年印度已有从甘蔗取得所谓"无蜂之蜜"的记载。嗣后甘蔗栽培和制糖方法东向东南亚，西向地中海沿岸等各方传布。15 世纪末哥伦布又将甘蔗引入中美洲。此后西欧各国竞相在热带和亚热带殖民地发展甘蔗制糖工业，同时将甘蔗原糖运入本国加工精炼，从而形成了精糖制造工业。甘蔗原糖主要生产国有古巴、巴西、印度、澳大利亚、墨西哥等。

甜菜制糖工业开始较晚。1747 年德国化学家 A.S. 马格拉夫发现甜菜块根含有蔗糖，后经他的学生继续研究，建立起了世界上第一座甜菜糖作坊。随后拿破仑为对抗英国人的海上封锁，极力提倡甜菜制糖。此后欧洲的甜菜制糖业因各国采取的保护政策而迅速发展，特别是经过两次世界大战，其地位几乎可与蔗糖业相等。甜菜糖产量最多的国家是俄罗斯，其次是法国、美国、德国等。

中国早在战国时代的《楚辞》中就有以蔗浆用于祭祀的记载。此后，《汉书》有甘蔗"榨汁曝数日成饴"、南朝陶弘景《名医别录》有以甘蔗"取汁为沙糖"之说。至唐代，中国和印度的甘蔗制糖技术曾相互交流，鉴真和尚则将甘蔗及制糖术传到日本。宋代王灼所著的《糖霜谱》是中国最早的制糖专著。甘蔗制糖法的详细论述则见于明代的《本草纲目》和《天工开物》，那时中国已有大量甘蔗糖出口。鸦片战争后，西方制糖技术传入中国，东北地区的甜菜糖厂和广东的甘蔗糖厂先后出现。但中国现代制糖业长期停滞不前，直到 1949 年后才得到迅速发展。2019 年度中国的产糖总量已达 12204 万吨。黑龙江、吉林、内蒙古、新疆为甜菜糖主要产区；广东、广西、福建、云南和台湾等为甘蔗糖主要产区。

◆ 原理

甘蔗的茎秆和甜菜的块根含有 12%～18% 的蔗糖及一些可溶性非糖（包括含氮和无氮有机物以及矿物质等），它们混存于薄壁组织的细胞液中，构成糖汁。制糖过程就是通过渗浸或压榨先将糖汁提取出来，然后通过添加清净剂、沉降和过滤等方法，除去一部分非糖成分，再经蒸发浓缩和煮糖结晶，最后用离心分蜜机分去母液而得白砂糖成品。含有不能结晶的部分蔗糖和大部分非糖的母液即废糖蜜。

◆ 甘蔗制糖

一般可分为提汁、清净、蒸发、煮糖、助晶和分蜜等几个工序。

提汁

田间蔗茎随割随运进入糖厂后，由运蔗带送往压榨车间，并在运带上前后两次用迅速回转的刀群斩切，再经撕裂机进一步破碎，然后连续经过 4～7 台三辊压榨机顺次榨出蔗汁。由撕裂机和第一台压榨机流出的蔗汁称混合汁，经筛去蔗屑、计量，送往下一工段。蔗渣从末台压榨机排出，可运到锅炉间作燃料。

清净

混合汁中含有各种非糖分，须经清净处理后才能进一步加工。应用较广的清净处理方法有石灰法和亚硫酸清净法。石灰法多用于制造甘蔗原糖，即在混合汁中添加适量的石灰乳，随即加热，使汁中部分非糖沉淀，然后连续通过多层式沉降槽将其分成清汁和泥汁两部分。泥汁经滤机滤清后并入清汁，滤泥可作肥料。应用亚硫酸清净法时可不经精炼直接生产白砂糖。即在混合汁中预先添加少量石灰乳（预灰），加热后连续通入二氧化硫气体进行硫熏，然后补加石灰乳（主灰），使产生亚硫酸钙沉淀，并使部分胶体、非糖分和色素被沉淀所吸收。经再次加热后，胶体沉淀脱水，并使亚硫酸钙的溶解度和糖汁的黏度降低；随后通过沉降、过滤，获得清汁。

蒸发

清汁经预热后，放入内装加热汽鼓的立筒式蒸发罐，同时将加热蒸汽通入，使糖汁受热而蒸发浓缩。为了节省蒸汽消耗量，一般将 3～4 个蒸发罐串联使用，进行多效蒸发，即将前一罐蒸发产生的汁汽通向次一罐中的汽鼓作为热源。因此，糖汁从最后一罐流出时，已浓缩到一定程度，成为可以煮糖结晶的糖浆。

煮糖、助晶、分蜜

将糖浆抽入煮糖罐进一步加热蒸发，须在真空条件下进行，以降低糖浆沸点防止焦化，并降低黏度以利结晶。待蒸发浓缩到一定的过饱和度后，即投入糖粉起晶，使溶解的蔗糖以糖粉为核心开始形成晶粒。随后继续不断加入糖浆或糖蜜，使晶粒逐渐长大，直到全罐内形成含晶率和母液浓度都符合规定的糖膏，即可放罐。放出的糖膏经助晶槽流入分蜜机，利用离心力分去母液（即糖蜜），留在机中的结晶糖经打水洗涤、卸出、干燥后即为砂糖成品，商业上称一号糖。分出的糖蜜称一号蜜，其中还残留一些可进一步结晶的蔗糖，故需进行第2次煮糖、分蜜，从而产生二号糖和二号蜜。通过第3次煮糖还可得三号糖和三号蜜。三号糖膏须在助晶槽中滞留1～2天才能完成结晶。采用亚硫酸法制糖时，一号糖为白砂糖成品；二号糖加水溶化后回煮一号糖；三号糖可以回煮一号糖，也可作为赤砂糖成品出售。采用简单石灰法制造原糖时，一号糖和二号糖合并为成品原糖，三号糖回煮一号糖。

原糖精炼

原糖是一种含蔗糖成分较白砂糖低、颜色较深、含有一定数量非糖分的砂糖。原糖精炼时先在原糖汁中加入糖蜜进行洗涤后，由离心机再次分离，并将晶粒洗净，加水溶化成为糖浆；再加少量石灰乳并用硅藻土过滤；然后通过活性炭或骨炭床脱色得精糖液。此后的煮糖、分蜜等工序同前。

◆ 甜菜制糖

甜菜出土后削去带叶青头即运厂存放，按加工节奏陆续经水流送入车间，再扬送入洗菜机充分洗净，称重后通过切丝机切成角铁形菜丝。菜丝连续进入渗出器后随热水逆向对流，使菜丝中的糖分（和部分非糖分）扩散入水，得渗出汁；再经除渣、计重后送往清净工段。

甜菜制糖中的清净处理多用双碳酸法，即在渗出汁中先加少量石灰乳（预灰），加热后再加较大量的石灰乳（主灰），随即通入二氧化碳气体，造成大量碳酸钙沉淀，并借此吸附多量的非糖而一同被过滤除去。滤清汁加热后再次通入二氧化碳除去残余的钙盐，再经过滤后通过硫熏降低黏度和色值，由袋滤机滤出清汁。此后的预热、蒸发、煮糖、分蜜等工序与甘蔗制糖基本相同，只是赤砂糖因有异味，不作成品而重新回煮。

◆ 其他糖品

制糖产品除砂糖外，还可根据消费需要制成多种糖品。①绵白糖。是中国甜菜糖厂的主要产品。制法同白砂糖，只是煮糖时起晶粒数更多、养晶时间更短，分蜜后加上2%的转化糖浆，经干燥、粉碎即得。特色是晶粒细、绵软、不结块和香甜可口。②方块糖。通过煮糖、养晶使晶粒大小适度，分蜜时晶粒表面保留少量水分，随即趁热将湿糖压条、切块，再经干燥即成。多用作搭配咖啡或牛奶的甜料。③冰糖。一般采用静置结晶法，即将白砂糖加水溶化、煮沸、加进少量豆浆或卵白，借助蛋白质的热凝固彻底清除其中的杂质，过滤得清糖汁，放入敞口锅内熬成糖浆；然后盛入结晶容器，并置入少数种晶作为晶核。容器放在一间严格控制温湿度条件的结晶室内，让水分徐徐挥发，糖分即围绕晶核逐渐养大，经过十来天便结成大型晶块，经过分蜜、干燥即得成品冰糖。

④液体糖。将精糖加水溶解，或用糖浆加少量活性炭粉末过滤均可制得。液体糖加酸使其中 50% 左右的蔗糖转化为葡萄糖和果糖，其混合物称液体转化糖。在美国多供软饮料工业之用。

粗糖精炼

粗糖经一系列处理制成精糖的过程称为粗糖精炼。粗糖精炼的生产过程包括蜜洗、清净、脱色、结晶、分蜜和干燥等工序。

◆ 蜜洗

粗糖所含杂质主要附在粗糖晶体表面，所以将粗糖与少量水和糖蜜混合，再用离心机进行固液分离，粗糖中的大部分杂质即被洗入此洗蜜内。洗蜜部分回流作下一次蜜洗液，部分作低级糖结晶物料。蜜洗所得的蜜洗糖纯度一般达 99%。将它溶解成浓度约 65% 的糖浆供清净工序处理。

◆ 清净

清净方法一般有碳酸法和磷酸法。碳酸法是在 70℃ 的糖浆内同时加入石灰乳和充入二氧化碳，石灰乳用量（以氧化钙计算）为溶糖量的 0.5% ～ 1.0%。反应终点的 pH 为 8.0 ～ 8.2。石灰与二氧化碳生成大量碳酸钙沉淀粒子，它起着吸附杂质和助滤作用。接着将其过滤。过滤设备大都采用压力式叶滤机，过滤介质为合成纤维布。滤出的清糖浆供脱色工序处理。

磷酸法是糖浆先经过筛滤以除去部分悬浮粒子，然后加入磷酸或可溶性磷酸盐和石灰乳。磷酸用量（以五氧化二磷计算）为溶糖量的0.01%～0.02%。调节糖浆的 pH 为 7.0～7.3，并充入压缩空气及加入絮凝剂，再把糖浆送入上浮清净器，磷酸钙粒子吸附了糖浆的杂质和气泡上浮至液面，形成浮渣从上部排出，清糖浆则从清净器底部排出。用水将浮渣稀释后再经一次上浮清净或过滤以收回浮渣内的糖分。

也可将磷酸法清净与表面活性剂脱色合并进行。在糖浆中加入一种表面活性剂，如双十八烷基双甲基氯化铵，其用量为溶糖量的0.03%～0.05%。其后才加入磷酸、石灰乳，充气及加入絮凝剂，最后送入上浮清净器进行清净。因这种表面活性剂具有两条 C_{18} 的脂肪烷链，憎水性比较强，故它与糖中分子量比较大的阴离子型色素反应，生成不溶性的盐，与磷酸钙浮渣一同除去。

◆ 脱色

清净后的糖浆经过脱色才能用来结晶精糖。脱色剂有骨炭、粒状活性炭、粉状活性炭和离子交换树脂，使用其中一种或几种的组合。

骨炭是最早使用的，目前仍有不少糖厂使用。它除能脱色还能除去糖浆中的一些灰分。骨炭脱色是在炭塔中进行，脱色后的糖浆从塔底流出。当骨炭的吸附脱色性能耗尽后，可送至窑中煅烧再生。每次耗骨炭约 0.5%。

粒状活性炭是用煤制成的活性炭，使用方法与骨炭相同。粒状活性炭脱色能力优于骨炭，但不能除去灰分，且因含碳量高，每次煅烧再生的损失可达 4%。

粉状活性炭使用方法简单，投资少，将炭与糖浆混合后过滤即可。粉状活性炭再生困难，故应用不广。

离子交换树脂脱色是一种新型工艺。它可以设在炭脱色之后作精脱色用，也可直接处理糖浆以代替炭处理。离子交换树脂脱色的原理是基于糖浆中的色素绝大多数是阴离子型的，故可以用氯式阴离子交换树脂中的氯离子与色素交换，达到脱色的目的。糖浆脱色一般用季铵型氯式阴离子交换树脂，树脂用 5% ~ 10% 食盐溶液再生。一些炼糖厂也有用阴离子交换树脂（OH^- 式）和阳离子交换树脂（H^+ 式）串联处理糖浆，达到脱色和脱盐的目的，生产纯度很高的食用液体糖。

经脱色后的糖浆便可进行结晶、分蜜和干燥等作业。一般炼糖厂的脱色糖浆先经 3 级结晶，生产 3 级成品精糖。第 3 级结晶所得糖蜜与蜜洗工序的洗蜜，再结晶 3 次，以尽量收回糖分。这些糖的质量较差，再送回蜜洗工序重新回溶处理。

产品的主要形式是砂糖，其次还有方糖和液体糖。

甘蔗制糖

甘蔗是禾本科植物，盛产于热带及亚热带，生产甘蔗的国家主要有巴西、印度、澳大利亚、古巴、泰国、中国、美国、墨西哥、南非、印度尼西亚、巴基斯坦、菲律宾等。中国甘蔗产区主要集中在广西、云南、广东、海南、福建、湖南、江西、四川等省区。成熟的甘蔗茎的主要成分为：纤维分 11.5% ～ 12.5%，蔗糖分 12.5% ～ 14.5%，水分 70% ～ 75%，非糖分 2% ～ 4%。非糖分中包括：还原糖 1% ～ 1.5%，果胶及有机酸 0.3% ～ 0.4%，含氮化合物 0.4%，脂肪及腊质 0.2%，灰分 0.4% ～ 0.6%。

甘蔗制糖的过程包括预处理、提汁、清净、蒸发、结晶、分蜜、干燥、筛选、包装等主要工序，其中后六道工序的工艺技术与甜菜制糖基本相同。

◆ 预处理

甘蔗过秤卸入甘蔗输送槽后，在用板式钢带输送机输送的过程中，先除去铁器等夹杂物，然后通过多重旋转式砍蔗刀砍断，再经旋转式撕裂机撕裂成丝条状，并在板式输送带上整理平整后送往提汁。

◆ 提汁

甘蔗提汁的方法有压榨法与渗出法，工业上一般多采用压榨法，启用 5 ～ 6 座三辊式压榨机。压榨法是通过高位槽或喂料辊（喂料器）将撕裂成条状并均匀理平的蔗层，依序通过喂料器和逐座压榨机压榨提汁，在末座压榨机前一座压榨机出口处，往蔗层中均匀喷洒甘蔗重量 15% ～ 25% 的渗浸水，经末座压榨机榨出的糖汁，作为前一座压榨机的渗浸液，如此逐级前移，直至第二座压榨机。由第一、第二座压榨机提出的蔗汁合并为混合汁，送去进行糖汁清净处理。衡量提汁效果的主要指标是压榨糖分抽出率，即经压榨从甘蔗中提取的蔗糖量与甘蔗中所含蔗糖量的重量百分比，正常值为 94% ～ 97%。从末座压榨机排出的蔗料为蔗渣，蔗渣中含有 45% ～ 50% 的水分、1% ～ 4% 的糖分、45% ～ 52% 的纤维分和 1.5% ～ 6% 的可溶性固体物质。

◆ 清净

提取的甘蔗糖汁中除含蔗糖外，还含有悬浮物、胶体、有机物、色素、无机盐类等，在进行蒸发浓缩前，须进行清净处理。糖汁清净的工艺方法有碳酸法、亚硫酸法、石灰法、磷酸上浮法等，甘蔗糖厂一般采取亚硫酸法、石灰法、磷酸上浮法糖汁澄清工艺。

亚硫酸法

包括预灰、一次加热、硫熏，中和，二次加热及过滤三个过程。①预灰、一次加热、硫熏。经除渣后的甘蔗混合汁，先预加灰（石灰乳），调整酸碱度（pH 值）至 6.2 ～ 7.4，经一次加热器加热至 60 ～ 70℃，使有机氮化物如蛋白质等凝固，但加热温度不宜过高，以免引起蔗糖转化损失，并影响二氧化硫气体的吸收。加热后的蔗汁送往硫熏塔硫熏。硫熏的目的一是漂白蔗汁，二是提高蔗汁酸度。②中和。硫熏后的糖汁在加灰中和槽中加入波美度约为 13 的石灰乳，使糖汁中和至酸碱度为 6.8 ～ 7.5。酸碱度过低，蔗糖易转化；过高，还原糖易破坏，生成有色物质。③二次加热及过滤。加灰中和后的糖汁，经二次加热器加热到 98 ～ 102℃，使亚硫酸钙溶解度减小沉淀析出，蔗蜡脱水，并加快沉淀物沉降、过滤速度。二次加热糖汁经沉降槽沉降后，上部清汁和下部泥汁过滤后的清汁混合后加热，然后送去蒸发。

石灰法

主要用于生产甘蔗原糖和赤砂糖或红糖，其工艺和设备简单。先向甘蔗混合汁中预加灰（石灰乳），将酸碱度调整到6.4，然后加热到90℃，并继续加灰中和将酸碱值调整到7.0，进一步加热到100～102℃后送去沉降，沉降后的上部清汁和下部泥汁过滤后的清汁混合，然后送去蒸发浓缩。

磷酸上浮法

用加磷酸和石灰（石灰乳）的办法处理糖汁。在中国南方地区多用于原糖精炼加工和甘蔗糖厂糖浆澄清处理。由于在糖汁、糖浆处理过程中产生的絮凝物过滤困难，因而多采用气浮法，并采用撇泡装置，将浮渣从液体表面除去。过滤浮渣一般采用板框压滤机，如用真空吸滤机过滤，则需添加助滤剂。

甜菜制糖

甜菜是藜科植物，现在栽培的甜菜是由早期野生甜菜改良而来。甜菜盛产于比较寒冷的地区，世界上生产甜菜的国家、地区主要有欧盟、美国、中国、俄罗斯、乌克兰等。甜菜块根的主要成分为：蔗糖17.5%，水75%，纤维素和半纤维素3.3%，果胶质2.4%，蛋白质及其他含氮物质1.2%，不含氮有机非糖分（有机酸、果胶质、转化糖等）0.9%，灰分（主要包括钾、钠、钙、镁、磷等盐类）0.6%。

甜菜制糖的过程主要包括预处理、提汁、清净、蒸发、结晶、分蜜、干燥、筛选、包装等工序，其中后六道工序与甘蔗制糖的工艺技术基本相同。甜菜提取糖汁多采用浸出法。浸出法提取糖汁采用渗出器，渗出器有卧式、立式、滚筒式、喷淋式等多种形式，原理都是在一定温度条件下，利用热水与甜菜丝逆流渗浸，使甜菜丝中的糖分浸泡到水中。

第 6 章

甘味药

味属甘，以补益、缓急、调和、渗湿为主要作用的一类中药称为甘味药。此类药物均具甘味，甘属阳，主入肝、脾、胃、肺经，甘能补、能和、能缓。主要功效为补气补血、补阴补阳、甘温补中、调和诸药、缓急止痛、解毒、健胃消食等，部分甘味药还有利水渗湿的功效。

甘味药主要适用于正气不足、脾胃失和所致的虚证。症见面色淡白、舌淡胖嫩、脉虚、饮食不消、脘腹疼痛、腰膝酸软、月经不调、热病伤津、心神不明、失眠多梦等。

配伍应用：甘味药与辛味药配伍，辛散甘补，如大枣味甘配伍辛散之桂枝，能发散表邪、调和营卫；与苦味药配伍，苦降甘缓，如大枣味甘配伍苦寒之京大戟，可缓和京大戟泻下逐水作用，泻下而不伤阴；与酸味药配伍，甘补酸敛，如人参味甘配伍味酸质润的山茱萸，可敛汗固脱；与咸味药配伍，甘补咸润，如山药味甘配以味甘咸的鹿茸，能温肾壮阳、益精血；与淡味药配伍，甘补淡渗，如白术味甘配甘淡之品茯苓，可健脾渗湿而止泻。

用药禁忌：甘味药药性滋腻，食入过多易腻膈碍胃，脾虚湿胜中满者慎用。

现代研究：甘味药多含有糖类、蛋白质、氨基酸、皂苷、脂肪、维生素、微量元素等，具有调节机能，增强免疫力及杀菌、解热、降血脂、降血压、降血糖、利尿等药理作用。

蜂 蜜

蜂蜜是蜜蜂科昆虫中华蜜蜂或意大利蜂所酿的蜜。属补气药。又称百花蜜、槐花蜜、枣花蜜。始载于《神农本草经》。

◆ 产地和分布

蜂蜜在中国各地均产。春至秋季采收，滤过。商品药材主要来自养殖。

◆ 性状

蜂蜜为半透明、带光泽、浓稠的液体，白色至淡黄色或橘黄色至黄褐色，放久或遇冷渐有白色颗粒状结晶析出。气芳香，味极甜。

蜂农采集的蜂蜜

蜂蜜

◆ 药性和功用

蜂蜜味甘，性平，归肺、脾、大肠经。具有补中、润燥、止痛、解毒功能，外用生肌敛疮，用于脘腹虚痛、肺燥干咳、肠燥便秘、解乌头类药毒，外治疮疡不敛、水火烫伤。

◆ 成分和药理

蜂蜜含有糖类、多酚类化合物、维生素类、生物活性酶、蛋白质、氨基酸、矿物元素等，具有抗菌、抗炎、抗氧化、解毒、保肝、增强免疫功能、降血糖、降血脂、降血压等作用。

◆ 用法和禁忌

蜂蜜甘味益脾，可用于脾虚诸证，使脾气得养，食少便溏可愈。因其作用缓和，药食兼备，故常作为脾气虚弱者的调补品用。治疗中气虚寒、脘腹疼痛、喜温喜按者，可单用，或配伍白芍、甘草等同用。蜂蜜甘平滋润，上能补肺气，适用于肺虚久咳及肺燥咳嗽，可单用，或与桑叶、阿胶、川贝母等同用；下能润肠燥，适宜于体虚津亏，肠燥便秘，可单用冲服，或与当归、火麻仁、肉苁蓉等同用，亦可制成栓剂，纳入肛内，以通导大便。

煎服用量 15 ～ 30 克。便溏或泄泻者慎服。

甘　草

甘草是豆科植物甘草、胀果甘草或光果甘草的干燥根和根茎。属补气药。又称美草、蜜甘、蜜草。始载于《神农本草经》。

◆ 产地和分布

甘草分布于中国东北、华北、西北、甘肃、新疆等地。生长于向阳干燥的钙质草原、河岸沙质土等地。

春、秋二季采挖，除去须根，晒干。商品药材主要来自栽培。

◆ **性状**

甘草根呈圆柱形，长 25 ～ 100 厘米，直径 0.6 ～ 3.5 厘米。外皮松紧不一。表面红棕色或灰棕色，具显著的纵皱纹、沟纹、皮孔及稀疏的细根痕。质坚实，断面略显纤维性，黄白色，粉性，形成层环明显，射线放射状，有的有裂隙。根茎呈圆柱形，表面有芽痕，断面中部有髓。气微，味甜而特殊。

胀果甘草根和根茎木质粗壮，有的分枝，外皮粗糙，多灰棕色或灰褐色。质坚硬，木质纤维多，粉性小。根茎不定芽多而粗大。

光果甘草根和根茎质地较坚实，有的分枝，外皮不粗糙，多灰棕色，皮孔细而不明显。

◆ **药性和功用**

甘草味甘，性平，归心、肺、脾、胃经。具有补脾益气、清热解毒、祛痰止咳、缓急止痛、调和诸药功效，用于脾胃虚弱，倦怠乏力，心悸气短，咳嗽痰多，脘腹、四肢挛急疼痛，痈

植物甘草

甘草根

中药甘草

肿疮毒，缓解药物毒性、烈性。

◆ **成分和药理**

甘草主要含三萜皂苷（如甘草酸、甘草次酸）、黄酮（如甘草苷、异甘草苷）、香豆素、有机酸、糖类等，具有抗病毒、抗菌、抗溃疡、保肝、抗炎、镇咳祛痰、抗肿瘤、抗氧化、解毒、免疫调节、增强记忆力、神经保护等作用。

◆ **用法和禁忌**

甘草蜜炙后补益心脾之气的功效增强，可治疗心气不足的心动悸、脉结代，与脾气虚弱的倦怠乏力、食少便溏。治疗心气虚，常配伍人参、阿胶、桂枝等同用；治疗脾气虚，常配伍人参、白术等药。甘草既能祛痰止咳，又能益气润肺，且性平、药力和缓，治疗咳喘无论寒热虚实及有痰无痰，均可随证配伍选用。甘草还有良好的缓急止痛作用，可用于脘腹及四肢挛急作痛。治疗阴血不足、筋矢所养而挛急作痛者，常配伍白芍；治疗脾胃虚寒、营血不能温养，常配伍桂枝、白芍、饴糖等。在药性峻猛的方剂中，甘草可以缓和烈性或减轻毒副作用，还可调和脾胃。甘草还有清热解毒功效，可用于热毒疮疡、咽喉肿痛及药物食物中毒。治疗热毒疮疡，常与金银花、连翘等配伍；治疗咽喉肿痛，单用煎服即可，也可与桔梗同用；治疗药物、食物中毒，可与绿豆或大豆同煎汤服做紧急治疗。凡入补益药中宜炙用，入清泻药中宜生用。另外，甘草也是制作保健食品和化妆品的原料，还是制造糖果、卷烟、酱油和饮料的添加剂或调味剂。

煎服用量2～6克，调和诸药用量宜小，作为主药用量宜稍大，可用 10 克左右；用于中毒抢救，可用 30 ～ 60 克。外用适量，煎水洗、渍或研末敷。不宜与海藻、京大戟、红大戟、芫花、甘遂同用。湿盛胀满、水肿者不宜用。大剂量久服可导致水钠潴留，引起浮肿。

罗汉果

罗汉果是葫芦科植物罗汉果的干燥果实。属止咳平喘药。始载于《岭南采药录》。

◆ **产地和分布**

罗汉果产于中国广西、贵州、湖南南部、广东和江西。生长于山坡林下及河边湿地、灌丛。

秋季果实由嫩绿色变深绿色时采收，晾数天后，低温干燥。商品药材主要来自栽培。

植物罗汉果

◆ **性状**

罗汉果呈卵形、椭圆形或球形，长 4.5 ～ 8.5 厘米，直径 3.5 ～ 6 厘米。表面褐色、黄褐色或绿褐色，有深色斑块和黄色柔毛，有的具

罗汉果果实内瓤及种子

6 ～ 11 条纵纹。顶端有花柱残痕，基部有果梗痕。体轻，质脆，果皮薄，易破。果瓤（中、内果皮）海绵状，浅棕色。种子扁圆形，多数，长约 1.5

厘米，宽约 1.2 厘米；浅红色至棕红色，两面中间微凹陷，四周有放射状沟纹，边缘有槽。气微，味甜。

中药罗汉果

◆ 药性和功用

罗汉果味甘，性凉，归肺、大肠经。具有清热润肺、利咽开音、滑肠通便功能，用于肺热燥咳、咽痛失声、肠燥便秘。

◆ 成分和药理

罗汉果主要含皂苷（如罗汉果苷 III、IV、V）、黄酮（如罗汉果黄素）、果糖等，具有镇咳、祛痰、降压、退热、抗菌等作用。

◆ 用法和禁忌

罗汉果治疗肺热咳嗽，可单用，也可配伍天冬、杏仁、桑白皮。治疗老年肺燥久咳，常配伍百合、玉竹等。治疗百日咳，可配伍百合、侧柏叶、麻黄等。治疗津伤口渴、咽喉干痛、失声者，可以煎水代茶饮。治疗肠燥便秘，可单用加蜂蜜泡服，也可配伍火麻仁、郁李仁、瓜蒌等。晒干的罗汉果可以代茶饮，烘干的易上火，长期饮用会导致胃肠功能下降，引起连锁的病理反应；风热咳嗽最好少饮或配其他清热药物饮用。

煎服用量 9～15 克。梦遗、夜尿者忌。对于体质极其敏感、寒凉的人来说，不建议饮用。体虚弱者慎服，过多会造成体质虚寒；婴幼儿慎服，容易造成腹泻等不良反应；过敏者亦忌服。

玉 竹

玉竹是百合科植物玉竹的干燥根茎。属补阴药。最早以"葳蕤"之名载于《神农本草经》。

◆ 产地和分布

玉竹在中国资源丰富，栽培历史悠久，分布较广，东北、华北、内蒙古、甘肃、青海、四川、湖北、湖南、安徽、江苏、江西等地均适宜栽培，尤以湖南、河南、浙江为主栽培区。商品玉竹根据产地又分为主产于东北的"关玉竹"、主产于江苏的"东玉竹"、主产安徽的"南玉竹"和主产于湖南的"湘玉竹"。

植物玉竹

秋季采挖，除去须根，洗净，晒至柔软后，反复揉搓、晾晒至无硬心，晒干；或蒸透后，揉至半透明，晒干。商品药材主要来源于栽培。

玉竹根茎

◆ 性状

玉竹呈长圆柱形，略扁，少有分枝，长4～18厘米，直径0.3～1.6厘米。表面黄白色或淡黄棕色，半透明，具纵皱纹及微隆起的环节，有白色圆点状的须根痕和圆盘状茎痕。质硬而脆或稍软，易折断，断面角质样或显颗粒性。气微，味甘，嚼之发黏。

中药玉竹

炮制品玉竹呈不规则厚片或段。外表皮黄白色至淡黄棕色，半透明，有时可见环节。切面角质样或显颗粒性。气微，味甘，嚼之发黏。

◆ **药性和功用**

玉竹味甘，性微寒，归肺、胃经。具有养阴润燥、生津止渴之功，用于肺胃阴伤、燥热咳嗽、咽干口渴、内热消渴。

◆ **成分和药理**

玉竹主要含多糖（如玉竹黏多糖，玉竹果聚糖 A、B、C 和 D）、甾醇、糖苷等，具有降血糖、降血脂、抗肿瘤、抗突变等作用。

◆ **用法和禁忌**

玉竹配伍沙参、麦冬、桑叶，主治阴虚肺燥有热的干咳少痰、咯血、声音嘶哑等。配伍麦冬、地黄、川贝母，主治阴虚火旺、咯血、咽干、失声。配伍薄荷、淡豆豉，治疗阴虚之体感受风温、冬温咳嗽、咽干痰结等，可使发汗而不伤阴、滋阴而不留邪。配伍麦门冬、沙参，主治燥伤胃阴、口干舌燥、食欲不振。配伍石膏、知母、麦冬、天花粉，治疗胃热津伤之消渴。配伍麦冬、酸枣仁，主治热伤心阴之烦热多汗、惊悸等。阴虚有热宜生用，热不甚者宜制用。

煎服用量 6～12 克，也可熬膏、浸酒或入丸、散；外用适量，鲜品捣敷，或熬膏涂。痰湿气滞者禁服，脾虚便溏者慎服。

榧　子

榧子是红豆杉科植物榧的干燥成熟种子。属杀虫药。始载于《名医别录》。

◆ 产地和分布

榧产于中国华东、华中部分地区。生长于湿润温暖的黄色、红色及黄褐色土壤，混生于森林。秋季种子成熟时采收，除去肉质假种皮，洗净，晒干。商品药材主要来源于栽培。

◆ 性状

榧子呈卵圆形或长卵圆形，长 2 ～ 3.5 厘米，直径 1.3 ～ 2 厘米。表面灰黄色或淡黄棕色，有纵皱纹。一端钝圆，可见椭圆形的种脐，另端稍尖。种皮质硬，厚约 1 毫米。种仁表面皱缩，外胚乳灰褐色，膜质；内胚乳黄白色，肥大，富油性。气微，味微甜而涩。

中药榧子

◆ 药性和功用

榧子味甘，性平，归肺、胃、大肠经。具有杀虫消积、润肺止咳、润燥通便功能，用于钩虫病、蛔虫病、绦虫病、虫积腹痛、小儿疳积、肺燥咳嗽、大便秘结。

◆ 成分和药理

榧子主要含脂肪油（亚油酸、油酸、硬脂酸）、多糖、挥发油、鞣质等，具有杀虫的作用。

◆ **用法和禁忌**

榧子既可杀虫消积，又能润肠通便促进排虫，且性味甘平不伤胃。治疗蛔虫病，可与使君子、苦楝皮同用。治疗肠燥便秘，可配伍火麻仁、郁李仁、瓜蒌仁等。治疗肺燥咳嗽，可与川贝母、瓜蒌仁、炙桑叶等同用。

煎服用量 9 ～ 15 克。由于驱虫成分不溶于水，驱虫宜炒熟嚼服。大便溏薄、肺热咳嗽不宜服用。

山麦冬

山麦冬是百合科植物湖北麦冬或短葶山麦冬的干燥块根。属补阴药。又称土麦冬、湖北麦冬等。

◆ **产地和分布**

湖北麦冬主产于中国湖北襄阳等地。短葶山麦冬又称福建麦冬，主产于中国福建泉州、仙游等地。

夏初采挖，洗净，反复暴晒、堆置，至近干，除去须根，干燥。商品药材主要来源于栽培。

◆ **性状**

湖北麦冬呈纺锤形，两端略尖，长 1.2 ～ 3 厘米，直径 0.4 ～ 0.7 厘米。表面淡

植物短葶山麦冬

黄色至棕黄色，具不规则纵皱纹。质柔韧，干后质硬脆，易折断，断面淡黄色至棕黄色，角质样，中柱细小。气微，味甜，嚼之发黏。

短葶山麦冬稍扁，长 2 ～ 5 厘米，直径 0.3 ～ 0.8 厘米，具粗纵纹。味甘、微苦。

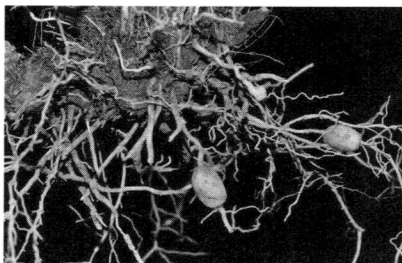

短葶山麦冬块根

◆ **药性和功用**

山麦冬味甘、微苦，性微寒，归心、肺、胃经。具有养阴生津、润肺清心之功，用于肺燥干咳、阴虚痨嗽、喉痹咽痛、津伤口渴、内热消渴、心烦失眠、肠燥便秘。

◆ **成分和药理**

山麦冬主要含多种甾体皂苷、β- 谷甾醇、豆甾醇及多糖等，具有强心、扩冠、抗心肌缺血、抗心律失常等作用。

◆ **用法和禁忌**

山麦冬具有健脾和胃、养血安神之功。与党参、炒白术、黄芪、茯苓、龙骨等配伍，可用于脾胃虚弱及心脾两虚所致的血虚证，症见面色萎黄或㿠白、食少纳呆、脘腹胀闷、大便不调、烦躁多汗、倦怠乏力、舌胖色淡、苔薄白、脉细弱。

锁 阳

锁阳是锁阳科植物锁阳的干燥肉质茎。属补阳药。又称不老药、地毛球、锁严子。始载于《本草衍义补遗》。

◆ **产地和分布**

锁阳产于中国内蒙古、甘肃、青海、新疆等地。春季采挖，除去花序，切段，晒干。商品药材主要来自野生。

◆ **性状**

锁阳呈扁圆柱形，微弯曲，长 5 ～ 15 厘米，直径 1.5 ～ 5 厘米。表面棕色或棕褐色，粗糙，具明显纵沟和不规则凹陷，有的残存三角形的黑棕色鳞片。体重，质硬，难折断，断面浅棕色或棕褐色，有黄色三角状维管束。气微，味甘而涩。

◆ **药性和功用**

锁阳味甘，性温，归肝、肾、大肠经。具有补肾阳、益精血、润肠通便功能，用于肾阳不足、精血亏虚、腰膝痿软、阳痿滑精、肠燥便秘等。

◆ **成分和药理**

锁阳含有黄酮类、糖和糖苷类、三萜类、甾体类、有机酸类、挥发性成分、鞣质等，具有抗氧化、抗衰老、抑制前列腺增生、抑制骨吸收、保护神经损伤、增强性功能、抗骨质疏松、增强免疫功能、兴奋造血功能等作用。

◆ **用法和禁忌**

锁阳能补肾阳、益精血，功用与肉苁蓉相似而偏于补阳。治疗肾虚阳痿，可与淫羊藿、肉苁蓉、枸杞子等同用。治疗肾阳不足所致的腰膝酸软、头晕耳鸣、遗精早泄等，常与巴戟天、补骨脂、菟丝子等同用。锁阳性温质润，可润燥滑肠，善治阳虚而大便燥结，对老人肾阳不足、精血亏虚者尤宜，常与肉苁蓉、火麻仁、当归等同用。

煎服用量 5 ～ 10 克。阴虚阳旺、脾虚泄泻、实热便秘者慎服。

芦 根

芦根是禾本科植物芦苇的新鲜或干燥根茎。属清热泻火药。始载于《神农本草经》。

◆ **产地和分布**

芦根产于中国各地。生于江河湖泽、池塘沟渠沿岸和低湿地。

全年均可采挖，除去芽、须根及膜状叶，鲜用或晒干。商品药材主要来自野生。

芦苇

◆ **性状**

鲜芦根呈长圆柱形，有的略扁，长短不一，直径 1 ～ 2 厘米。表面黄白色，有光泽，外皮疏松可剥离，节呈环状，有残根和芽痕。体轻，质韧，不易折断。切断面黄白色，中空，壁厚 1 ～ 2 毫米，有小孔排列成环。干芦根呈扁圆柱形。节处较硬，节间有纵皱纹。气微，味甘。

◆ **药性和功用**

芦根味甘，性寒，归肺、胃经。

中药芦根

具有清热泻火、生津止渴、除烦、止呕、利尿功能，用于热病烦渴、肺热咳嗽、肺痈吐脓、胃热呕哕、热淋涩痛。

◆ **成分和药理**

芦根主要含酚酸、多糖、维生素、甾体、三萜、挥发油等，具有解热、镇痛、镇静、保肝、抗氧化等作用。

◆ **用法和禁忌**

芦根常用于温热病气分实热证，症见高热、汗出、烦渴，其作用缓和，宜作石膏、知母等药的辅助。能清胃生津，常用于热伤津液之心烦口渴，常配藕汁、梨汁等同用。芦根可清肺热，有一定的祛痰排脓之功，可治肺热、痰热咳嗽，咯痰黄稠，配黄芩、瓜蒌等；肺痈咳吐脓痰，配鱼腥草、冬瓜仁等。芦根可清胃热，生津止渴，和胃止呕，故对胃热伤津之口渴之多饮，胃热上逆呕逆，均可用，前者可配天花粉，后者可配竹茹。

煎服用量 15 ～ 30 克；鲜品用量加倍或捣汁用。

黑芝麻

黑芝麻是脂麻科植物脂麻的干燥成熟种子。属补阴药。又称胡麻、脂麻、油麻等。始载于《神农本草经》。

◆ **产地和分布**

中国的黑芝麻品种数量随纬度和海拔的增高而减少，江淮区最多，其次是华南区，华北和华东两区也有一定的数量分布，东北、西北区和云贵高原区最少。秋季果实成熟时采割植株，晒干，打下种子，除去杂质，再晒干。商品药材主要来源于栽培。

◆ **性状**

黑芝麻呈扁卵圆形，长约 3 毫米，宽约 2 毫米。表面黑色，平滑或有网状皱纹。尖端有棕色点状种脐。种皮薄，子叶 2，白色，富油性。气微，味甘，有油香气。

◆ **药性和功用**

黑芝麻味甘，性平，归肝、肾、大肠经。具补肝肾、益精血、润肠燥功效，用于精血亏虚、头晕眼花、耳鸣耳聋、须发早白、病后脱发、肠燥便秘等。

◆ **成分和药理**

黑芝麻主要含有脂肪油（油酸、亚油酸、硬脂酸、花生油酸等）、胡麻苷、木脂素（芝麻素、芝麻林素）、芝麻酚、糖类（车前糖、芝麻糖）等，具有调节血脂、促肾上腺素、保护肝脏、抗衰老、调节免疫等作用。

◆ **用法和禁忌**

黑芝麻属于药食两用药材，具有补肝肾、滋五脏、益精血、润肠燥等保健功效。配伍地黄、麦冬、红参、大枣、阿胶、桂枝、生姜、炙甘草，可治疗气虚血少、心悸气短、心律不齐、盗汗失眠、咽干舌燥、大便干结。配伍桑叶，可用于精亏血虚、肝肾不足引起的头晕眼花、须发早白等症。配伍肉苁蓉、熟地黄等可用于治疗精亏血虚之肠燥便秘。

煎服用量 9 ～ 15 克。

莲 子

莲子是睡莲科植物莲的干燥成熟种子。属固精缩尿止带药。始载于《神农本草经》。

◆ 产地和分布

莲在中国大部分地区都有分布，自生或栽培于池塘内。莲子主产于湖南、湖北、福建、江苏、浙江、江西等地。以湖南品质最佳，福建产量最大。秋季果实成熟时采割莲房，取出果实，除去果皮。干燥。商品药材多来源于栽培。

◆ 性状

莲子略呈椭圆形或类球形，长1.2～1.8厘米，直径0.8～1.4厘米。表面浅黄棕色至红棕色，有细纵纹和较宽的脉纹。一端中心呈乳头状突起，深棕色，多有裂口，其周边略下陷。质硬，种皮薄，不易剥离。子叶2，黄白色，肥厚，中有空隙，具绿色莲子心。气微，味甘、微涩；莲子心味苦。

中药莲子

◆ 药性和功用

莲子味甘、涩，性平，归脾、肾、心经。具有补脾止泻、止带、益肾涩精、养心安神之功，用于脾虚泄泻、带下、遗精、心悸失眠。

◆ 成分和药理

莲子主要含淀粉、棉籽糖、莲心碱等，有抗炎、促进消化、提高免疫、降压、抗衰老、抗肿瘤等作用。

◆ **用法和禁忌**

莲子能补脾益肾、固涩止带，补涩兼施，为治疗脾虚、肾虚带下之常用药。常配伍茯苓、白术等，用治脾虚带下；配伍山茱萸、山药、芡实等，用治脾肾两虚带下清稀、腰膝酸软。莲子入肾经而能益肾固精，配伍芡实、龙骨等，可用治肾虚精关不固之遗精滑精。莲子能养心血、益肾气，配伍酸枣仁、茯神、远志等，可治疗心肾不交之虚烦、心悸、失眠。

煎服用量6～15克，去心打碎用。

核桃仁

核桃仁是胡桃科植物胡桃的干燥成熟种子。属补阳药。又称胡桃仁、胡桃肉等。始载于《开宝本草》。

◆ **产地和分布**

胡桃在中国各地广泛栽培，华北、西北、东北地区尤多，主产于河北、北京、山西、山东。多生长于较湿润的肥沃土壤中，栽培于平地或丘陵地带。

秋季果实成熟时采收，除去肉质果皮，晒干，再除去核壳及木质隔膜。商品药材多来源于栽培。

胡桃树

◆ **性状**

核桃仁多破碎为不规则的块状，有皱曲的沟槽，大小不一；完整者类球形，直径 2～3 厘米。种皮淡黄色或黄褐色，膜状，维管束脉纹深棕色。子叶类白色。质脆，富油性。气微，味甘，种皮味涩、微苦。

胡桃果实

◆ **药性和功用**

核桃仁味甘，性温，归肾、肺、大肠经。具有补肾、温肺、润肠的功效，用于肾阳不足、腰膝酸软、阳痿遗精、虚寒喘嗽、肠燥便秘。

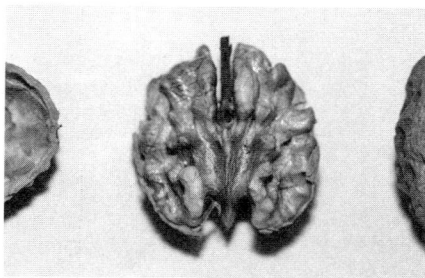
核桃仁

◆ **成分和药理**

核桃仁主要含脂肪油（亚油酸、油酸、亚麻酸的甘油酯）、蛋白质、碳水化合物、维生素等，具有影响胆固醇合成及氧化、镇咳等作用。

◆ **用法和禁忌**

核桃仁具有温补肾阳之功，常入复方。与杜仲、补骨脂、大蒜等配伍，用于治疗肾亏腰酸、头昏耳鸣、尿有余沥等；与杜仲、补骨脂、萆薢等配伍，可治肾虚腰膝酸痛、两足萎弱等。核桃仁长于补肺肾、定喘咳，常与人参、生姜同用，治疗肺肾不足、肾不纳气所致的虚喘证；治疗久咳不止，可与人参、杏仁同用。治疗肠燥便秘，可单用或配伍火麻仁、当归、肉苁蓉等。

煎服用量 10 ～ 30 克。阴虚火旺、痰热咳嗽及便溏者不宜用。

翻白草

翻白草是蔷薇科植物翻白草的干燥全草。属清热解毒药。又名鸡脚根。始载于《救荒本草》。

◆ **产地和分布**

翻白草在中国各地均有分布，主产于河北、安徽等地。

夏、秋二季采收，未开花前连根挖取，除净泥土，干燥。商品药材主要来自栽培。

植物翻白草

◆ **性状**

翻白草块根呈纺锤形或圆柱形，长 4 ～ 8 厘米，直径 0.4 ～ 1 厘米；表面黄棕色或暗褐色，有不规则扭曲沟纹；质硬而脆，折断面平坦，呈灰白色或黄白色。基生叶丛生，单数羽状复叶，多皱缩弯曲，展平后长 4 ～ 13 厘米；小叶 5 ～ 9 片，柄短或无，长圆形或长椭圆形，顶端小叶片较大，上表面暗绿色或灰绿色，下表面密被白色绒毛，边缘有粗锯齿。气微，味甘、微涩。

◆ **药性和功用**

翻白草味甘、微苦，性平，归肝、胃、大肠经。具有清热解毒、止痢、止血功能，用于湿热泻痢、痈肿疮毒、血热吐衄、便血、崩漏。

中药翻白草

◆ **成分和药理**

翻白草主要含鞣质、黄酮等，具有降血糖、降血脂、抗癌、抗病毒、抗氧化、止泻等作用。

◆ **用法和禁忌**

翻白草能清热解毒、凉血止痢，故常用于热痢、血痢，单用翻白草鲜品 30 ～ 60 克浓煎，一日分 3 次内服，可治疗赤白痢疾。还常用治热毒壅盛所致之痈肿疮毒，将翻白草干根用烧酒磨汁外涂患处可治疗疖腮，也可以鲜品捣敷患处，或配伍金银花等清热解毒药同用。还可用治血热所致的吐血、便血、崩漏下血以及外伤出血，单用翻白草水煎内服，或将鲜品捣烂外敷出血处，或与其他凉血止血药配伍使用。此外，单用或配伍鱼腥草、桔梗、芦根等药，可治疗肺热咳嗽痰喘及肺痈等证。

煎服用量 9 ～ 15 克，鲜品 30 ～ 60 克。外用适量，捣敷患处。脾胃虚寒者、食少便溏者忌用。

银柴胡

银柴胡是石竹科植物银柴胡的干燥根。属清虚热药。又名银夏柴胡、银胡。始载于《本草纲目》。

◆ **产地和分布**

银柴胡主产于中国甘肃、宁夏、内蒙古等地。春、夏间植株萌发或秋后茎叶枯萎时采挖；栽培品于种植后第三年9月中旬或第四年4月中旬采挖，除去残茎、

植物银柴胡

须根及泥沙，晒干。切片，生用。商品药材主要来自栽培。

◆ **性状**

银柴胡呈类圆柱形，偶有分枝，长15～40厘米，直径0.5～2.5厘米。表面浅棕黄色至浅棕色，有扭曲的纵皱纹和支根痕，多具孔穴状或盘状凹陷，习称"砂眼"，从砂眼处折断可见棕色裂隙中有细砂散出。根头部略膨大，有密集的呈疣状突起的芽苞、茎或根茎的残基，习称"珍珠盘"。质硬而脆，易折断，断面不平坦，较疏松，有裂隙，皮部甚薄，木部有黄、白色相间的放射状纹理。气微，味甘。

◆ **药性和功用**

银柴胡味甘，性微寒，归肝、胃经。具有清虚热、除疳热的功能，用于阴虚发热、骨蒸劳热、小儿疳热。

◆ **成分和药理**

银柴胡主要含甾醇（α-菠菜甾醇、豆甾醇等）、黄酮、挥发性成分等，具有解热、降低主动脉类脂质的含量、抗动脉粥样硬化等作用。

◆ **用法和禁忌**

银柴胡为退虚热、除骨蒸之常用药。治疗阴虚发热，骨蒸劳热、潮

热盗汗，常与地骨皮、青蒿、鳖甲等同用。银柴胡还能清虚热、消疳热，治疗小儿食滞或虫积所致的疳积发热、腹部膨大、口渴消瘦、毛发干枯等，常与胡黄连、鸡内金、使君子等药同用，以消积杀虫、健脾疗疳。

煎服用量 3 ～ 10 克。外感风寒、血虚无热者不宜使用。

巴戟天

巴戟天是茜草科植物巴戟天的干燥根。属补阳药。又称鸡肠风、鸡眼藤、黑藤钻等。始载于《神农本草经》。

巴戟天植株

◆ **产地和分布**

巴戟天产于中国福建、广东、海南、广西等热带和亚热带地区，生长于山地疏密林下和灌丛中，常攀于灌木或树干上，亦有引作家种。

全年均可采挖，洗净，除去须根，晒至六七成干，轻轻捶扁，晒干。商品药材主要来自野生或者栽培。

◆ **性状**

巴戟天为扁圆柱形，略弯曲，长短不等，直径 0.5 ～ 2 厘米。表面灰黄色或暗灰色，具

巴戟天根

纵纹和横裂纹，有的皮部横向断离露出木部；质韧，断面皮部厚，紫色或淡紫色，易与木部剥离；木部坚硬，黄棕色或黄白色，直径 1 ～ 5 毫米。气微，味甘而微涩。

中药巴戟天

◆ **药性和功用**

巴戟天味甘、辛，性微温，归肾、肝经。具有补肾阳、强筋骨、祛风湿功能，用于阳痿遗精、宫冷不孕、月经不调、少腹冷痛、风湿痹痛、筋骨痿软等。

◆ **成分和药理**

巴戟天含有糖类、环烯醚萜类、氨基酸类、蒽醌类、挥发性成分等，具有雄性激素样作用及抗抑郁、抗痴呆、抗衰老、促进血管生成、抗炎等作用。

◆ **用法和禁忌**

巴戟天甘温，可治肾阳不足，命门火衰而致的神疲不振、阳痿不举或早泄等，常与淫羊藿、肉苁蓉等同用。治疗下元虚冷、宫寒不孕、月经不调、少腹冷痛等，常与肉桂、吴茱萸、高良姜等同用。巴戟天甘温能补，辛温能散，能补肾阳、强筋骨、祛风除湿，尤宜于肾阳不足，兼有风湿痹痛、筋骨酸软、肢体拘挛等，常与杜仲、肉苁蓉、菟丝子等配伍。

煎服用量 3 ～ 10 克。阴虚火旺或有湿热者忌用。

天　麻

天麻是兰科植物天麻的干燥块茎。属息风止痉药。又称赤箭、木浦、离母等。始载于《神农本草经》。

◆ 产地和分布

天麻主产于中国四川、云南、湖北、陕西、贵州等地。天麻无根叶，须依靠蜜环菌供给营养才能生长繁殖。

立冬后至次年清明前采挖，立即洗净，蒸透，敞开低温干燥。商品药材主要来源于栽培。

植物天麻

◆ 性状

天麻呈椭圆形或长条形，略扁，皱缩而稍弯曲，长 3～15 厘米，宽 1.5～6 厘米，厚 0.5～2 厘米。表面黄白色至黄棕色，有纵皱纹及由潜伏芽排列而成的横环纹多轮，有时可见棕褐色菌索。顶端有红棕色至深棕色鹦嘴状的芽或残留茎基；

天麻块茎

另端有圆脐形疤痕。质坚硬，不易折断，断面较平坦，黄白色至淡棕色，角质样。气微，味甘。

◆ 药性和功用

天麻味甘，性平，归肝经。具有息风止痉、平抑肝阳、祛风通络的功能，用于小儿惊风、癫痫抽搐、破伤风、头痛眩晕、手足不遂、肢体麻木、风湿痹痛。

中药天麻

◆ 成分和药理

天麻主要含酚类（如天麻素、对羟基苯甲醇）、甾醇、多糖、有机酸等，具有镇静、镇痛、抗惊厥、抗衰老、增强免疫功能、降低血压等作用。

◆ 用法和禁忌

天麻独入肝经及其经络，无性味之偏，可广泛治疗各科病证。天麻、川芎、白芍配伍相得益彰，祛风止痛之功力胜，三者皆兼濡润，又可与滋阴药相互化合，能用于血虚头痛、肝阳头痛、肝郁头痛、肝火头痛、瘀血头痛、风寒头痛、寒湿头痛、痰厥头痛、肝寒头痛、气郁头痛。天麻配伍天南星可治疗痰厥头痛。天麻与半夏配伍，主治眩晕头痛。天麻与菊花配伍，可用于风热头痛、肝阳头痛、肝火头痛、肝郁头痛、血虚头痛。

煎服用量3～10克，或入丸、散剂。气血虚甚者慎服。

甜杏仁

甜杏仁是蔷薇科植物杏的干燥成熟种子。属止咳平喘药。又称叭哒杏。始载于《本草纲目》。

◆ **产地和分布**

杏主产于中国河北、陕西、内蒙古、东北、北京等地，销往全国各地。果实成熟时采摘，除去果肉及核壳，取种子晾干。商品药材主要来自栽培。

◆ **性状**

甜杏仁呈扁心脏形，长 1.6 ～ 2.1 厘米，宽 1.2 ～ 1.6 厘米，顶端尖，基部圆，左右对称，种脊明显。种皮较苦杏仁为厚，淡黄棕色，自合点处分散出深棕色纵向脉纹。断面白色，子叶接合面常可见空隙。味不苦而带甜。

中药甜杏仁

◆ **药性和功用**

甜杏仁味甘，性平，归肺经。具有润肺平喘的功能，用于虚劳咳喘、肠燥便秘。

◆ **成分和药理**

甜杏仁主含甜杏仁油、杏仁油、杏仁蛋白等，具有降血压、降血脂、抗过敏、解酒、抗炎、保湿等作用。

◆ **用法和禁忌**

甜杏仁煎服用量 10 ～ 15 克，可入丸剂；外用捣敷。

当 归

当归是伞形科植物当归的干燥根。属补血药。又称秦归、云归。始载于《神农本草经》。

◆ **产地和分布**

当归主产于中国甘肃东南部，以岷县产量多、质量好，其次为云南、四川、陕西、湖北等省。

秋末采挖，除去须根和泥沙，待水分稍蒸发后，捆成小把，上棚，用烟火慢慢熏干。商品药材均来自栽培。

植物当归

◆ **性状**

当归略呈圆柱形，下部有支根 3 ～ 5 条或更多，长 15 ～ 25 厘米。表面浅棕色至棕褐色，具纵皱纹和横长皮孔样突起。根头（归头）直径 1.5 ～ 4 厘米，具环纹，上端圆钝，或具数个明显突出的根茎痕，有紫色或黄绿色的茎和叶鞘的残基；主根（归身）表面凹凸不平；支根（归尾）直径 0.3 ～ 1 厘米，上粗下细，多扭曲，有少数须根痕。质柔韧，断面黄白色或淡黄棕色，皮部厚，有裂隙和多数棕色点状分泌腔，木部色较淡，形成层环黄棕色。有浓郁的香气，味甘、辛、微苦。柴性大、干枯无油或断面呈绿褐色者不可供药用。

◆ **药性和功用**

当归味甘、辛，性温，归肝、心、脾经。具有补血活血、调经止痛、润肠通便之功，用于血虚萎黄、眩晕心悸、月经不调、经闭痛经、

当归饮片

虚寒腹痛、风湿痹痛、跌扑损伤、痈疽疮疡、肠燥便秘，酒当归可活血

通经。

◆ **成分和药理**

当归主要含有挥发油（如藁本内酯、正丁烯基酞内酯）、酚酸（如阿魏酸）、多糖等，具有抑制血小板聚集、抑制子宫收缩、增强机体免疫、抗肿瘤、抗衰老等作用。

◆ **用法和禁忌**

当归为补血要药，常用于血虚证。与肉苁蓉、火麻仁等润肠药配伍，可用于血虚肠燥的便秘等。与川芎、赤芍等活血药配伍，可用于血淤阻滞的病证，如跌打损伤、淤肿疼痛，风寒湿痹，肢体麻木、疼痛、肩周炎，血栓闭塞性脉管炎。治疗血虚或血瘀所致的月经不调、经闭、痛经等，常与熟地黄、川芎、丹参等补血活血药配伍。治疗痈肿疮疡者气血不足、脓成不溃或溃后不易愈合，常与黄芪配伍以扶持正气。治疗血虚证或贫血，症见眩晕、疲倦乏力、面色萎黄、舌质淡、脉细，以及血虚腹痛、头痛，常与熟地黄、白芍或羊肉、黄芪等补血益气之物配伍。

煎服用量6～12克，或入丸、散，或浸酒，或敷膏。脾湿中满、脘腹胀闷、大便稀薄或腹泻者慎服，里热出血者忌服。

海金沙

海金沙是海金沙科植物海金沙的干燥成熟孢子。属利水渗湿药。又称迷离网、鸡胶莽、金砂蕨等。始载于《嘉祐补注神农本草》。

◆ 产地和分布

海金沙主要分布在中国西南、华南以及台湾等地，日本、菲律宾、琉球群岛也有分布。

秋季孢子未脱落时采割藤叶，晒干，搓揉或打下孢子，除去藤叶。

◆ 性状

海金沙呈粉末状，棕黄色或浅棕黄色。体轻，手捻有光滑感，置手中易由指缝滑落。气微，味淡。

植物海金沙

◆ 药性和功用

海金沙味甘、咸，性寒，归膀胱、小肠经。具有清利湿热、通淋止痛功能，用于热淋、石淋、血淋、膏淋、尿道涩痛。

中药海金沙

◆ 成分和药理

海金沙主要含有脂肪油（棕榈酸、硬脂酸、油酸、亚油酸等）等，具有利胆、抗菌等作用。

◆ 用法和禁忌

海金沙是治疗淋证的要药，对于不同的淋病，皆可随证配伍。对于膀胱湿热内盛导致的热淋，可与黄柏、栀子配伍；对于因湿热扰动血络导致的血淋，可与生地黄、蒲黄配伍使用；与金钱草、鸡内金等配伍可治疗石淋；与滑石、麦冬、甘草等配伍可治疗膏淋证。此外，海金沙还可利水消肿，治疗脾湿肿满。

煎服用量6～15克，包煎。

藕 节

藕节是睡莲科植物莲的干燥根茎节部。属收敛止血药。始载于《药性论》。

◆ 产地和分布

藕产于中国南北各省。自生或栽培在池塘或水田内。秋、冬二季采挖根茎（藕），切取节部，洗净，晒干，除去须根。

◆ 性状

藕节呈短圆柱形，中部稍膨大，长 2 ～ 4 厘米，直径约 2 厘米。表面灰黄色至灰棕色，有残存的须根和须根痕，偶见暗红棕色的鳞叶残基。两端有残留的藕，表面皱缩有纵纹。质硬，断面有多数类圆形的孔。气微，味微甘、涩。

莲

藕

◆ 药性和功用

藕节味甘、涩，性平，归肝、肺、胃经。具有收敛止血、化瘀功能，用于吐血、咯血、衄血、尿血、崩漏。

◆ 成分和药理

藕节主要含天冬酰胺及鞣质，具有凝血、抗氧化等作用。

◆ **用法和禁忌**

藕节既能收敛止血，又能化瘀，有止血而不留瘀的特点，可用于各种出血之证，对吐血、咳血、咯血等上部出血病证尤为适宜。可单用，治疗吐血不止、衄血不止，均以鲜藕捣汁饮。若治咳血、咯血，可与阿胶、白及、枇杷叶等同用；治血淋、尿血，常配小蓟、通草、滑石等同用。

煎服用量 10 ～ 15 克，大剂量可用至 30 克。鲜品 30 ～ 60 克，捣汁饮用，亦可入丸、散。

龙脷叶

龙脷叶是大戟科植物龙脷叶的干燥叶。属不常用止咳药。始载于《岭南采药录》。

◆ **产地和分布**

龙脷叶原产于越南北部，马来半岛有栽培。在中国主产于广东、广西等地。

夏、秋二季采收，晒干。商品药材主要来源于栽培。

◆ **性状**

龙脷叶呈团状或长条状皱缩，展平后呈长卵形、卵状披针形或倒卵状披针形。表面黄褐色、黄绿色或绿褐色，长 5 ～ 9 厘米，

植物龙脷叶

宽 2.5 ～ 3.5 厘米。先端圆钝稍内凹而有小尖刺，基部楔形或稍圆，全

缘或稍皱缩成波状。下表面中脉腹背突出，基部偶见柔毛，侧脉羽状，5～6对，于近外缘处合成边脉；叶柄短。气微，味淡、微甘。

◆ 药性和功用

龙脷叶味甘、淡，性平，归肺、胃经。具有润肺止咳、通便之功，用于肺燥咳嗽、咽痛失声、便秘。

◆ 成分和药理

龙脷叶主要含有香豆素、内酯、皂苷、鞣质、有机酸、生物碱等，具有止咳祛痰、抗炎镇痛、抑菌、抗过敏等作用。

◆ 用法和禁忌

龙脷叶可治肺热咳嗽。用猪肉煎汤服可治痰火咳嗽。龙脷叶鲜品水煎服，可用于治疗急性支气管炎、上呼吸道炎、支气管哮喘。

煎服用量9～15克。

黄蜀葵花

黄蜀葵花是锦葵科植物黄蜀葵的干燥花冠。属外用药。始载于《嘉祐本草》。

◆ 产地和分布

黄蜀葵主要分布于中国中南、西南，以及河北、陕西、山东、浙江、江西、福建等地。常生长于山谷草丛、田边或沟旁灌丛间。

植物黄蜀葵

夏、秋二季花开时采摘，及时干燥。商品药材主要来源于栽培。

◆ **性状**

黄蜀葵花多皱缩破碎，完整的花瓣呈三角状阔倒卵形，长 7 ～ 10 厘米，宽 7 ～ 12 厘米，表面有纵向脉纹，呈放射状，淡棕色，边缘浅波状；内面基部紫褐色。雄蕊多数，联合成管状，长 1.5 ～ 2.5 厘米，花药近无柄。柱头紫黑色，匙状盘形，5 裂。气微香，味甘淡。

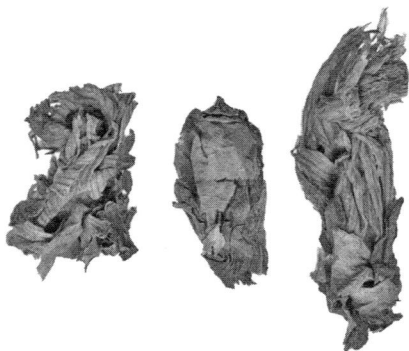

中药黄蜀葵花

◆ **药性和功用**

黄蜀葵花味甘，性寒，归肾、膀胱经。具有清利湿热、消肿解毒之功能，用于湿热壅遏、淋浊水肿，外治痈疽肿毒、水火烫伤。

◆ **成分和药理**

黄蜀葵花主要含黄酮（槲皮素 -3- 洋槐糖苷、槲皮素 -3- 葡萄糖苷、金丝桃苷、杨梅素、槲皮素等）、还原糖、鞣质、长链烃类等，具有改善肾功能、抗炎、解热镇痛、保护心脑缺血损伤、促进血管新生、降血糖、抗感染等作用。

◆ **用法和禁忌**

黄蜀葵花单用盐掺敷患处可治痈疽肿毒恶疮。用麻油浸润黄蜀葵花，将油涂于患处可治汤火灼伤。黄蜀葵花烧末敷可治小儿口疮。配伍大黄、黄芩，用香油调搽可治小儿秃疮。

研末内服用量 3 ～ 5 克；外用适量，研末调敷。孕妇慎用。

火麻仁

火麻仁是桑科植物大麻的干燥成熟果实。属润下药。又名大麻仁。始载于《日用本草》。

◆ 产地和分布

火麻仁产于中国黑龙江、辽宁、吉林、四川等地。秋季果实成熟时采收，除去杂质，晒干。商品药材主要来自栽培。

◆ 性状

火麻仁呈卵圆形，长 4 ～ 5.5 毫米，直径 2.5 ～ 4 毫米。表面灰绿色或灰黄色，有微细的白色或棕色网纹，两边有棱，顶端略尖，基部有 1 圆形果梗痕。果皮薄而脆，易破碎。种皮绿色，子叶 2，乳白色，富油性。气微，味淡。

大麻果实

中药火麻仁

◆ 药性和功用

火麻仁味甘，性平，归脾、胃、大肠经。具有润燥、滑肠、通淋、活血功能，用于肠燥便秘、消渴、热淋、风痹、痢疾、月经不调、疥疮、癣癞。

◆ 成分和药理

火麻仁主要含生物碱（胡芦巴碱、甜菜碱）、黄酮（木犀草素、牡荆素）等，具有缓泻、降脂、抗动脉粥样硬化、抗氧化、延缓衰老等作用。

◆ **用法和禁忌**

火麻仁能润肠通便且兼具补虚作用，常用于老人、产妇及体弱津血不足的肠燥便秘者。若配伍白术，可补中有通，泻中有补，治疗老年人、产妇及一切气虚之便秘。配伍麦冬，可用于素体虚弱，热病伤津，津液不足的潮热不食、大便不通等症。配伍紫苏又可养血润燥，降气通便，用于老年血虚之肠燥便秘。

煎服用量 10 ～ 15 克。

亚麻子

亚麻子是亚麻科植物亚麻的干燥成熟种子。属润下药。又名亚麻仁。始载于《本草图经》。

◆ **产地和分布**

亚麻适应性强，中国大部分地区均有栽培，主产于东北及内蒙古、陕西等地。

秋季果实成熟时采收植株，晒干，打下种子，除去杂质，再晒干。商品药材主要来自栽培。

亚麻

◆ **性状**

亚麻子呈扁平卵圆形，一端钝圆，另端尖而略偏斜，长 4 ～ 6 毫米，宽 2 ～ 3 毫米。表面红棕色或灰褐色，平滑有光泽，种脐位于尖端的凹入处。种脊浅棕色，位于一侧边缘。种皮薄，胚乳棕色，薄膜状。子叶2，黄白色，富油性。气微，嚼之有豆腥味。

中药亚麻子

◆ **药性和功用**

亚麻子味甘，性平，归肝、肺、大肠经。具有养血祛风、润燥通便作用，用于皮肤干燥、瘙痒、脱发、疮疡湿疹、肠燥便秘。

◆ **成分和药理**

亚麻子主要含脂肪酸（亚油酸、油酸、棕榈酸）、萜类（环木菠萝烯醇）、酚酸（阿魏酸）等，具有降脂、抗糖尿病肾损伤、抗肿瘤等作用。

◆ **用法和禁忌**

亚麻子能润肠通便，多用于肠燥便秘。配伍当归，既能养血通便，又祛风活血，用于治疗老人肠燥便秘及皮肤干燥。配伍白鲜皮共奏清热解毒、祛风止痒之功，可治疗过敏性皮炎、皮肤瘙痒等症。

煎服用量9～15克。大便滑泄者禁用。孕妇忌服。

西河柳

西河柳是柽柳科植物柽柳的干燥嫩枝叶。属发散风寒药。始载于《开宝本草》。

◆ 产地和分布

柽柳野生于中国辽宁、河北、河南、山东、江苏（北部）、安徽（北部）等省，栽培于中国东部至西南部各省区。喜生于河流冲积平原，海滨、滩头、潮湿盐碱地和沙荒地。日本、美国也有栽培。

柽柳

夏季花未开时采收，阴干。商品药材主要来自野生。

◆ 性状

西河柳茎枝呈细圆柱形，直径0.5～1.5毫米。表面灰绿色，有多数互生的鳞片状小叶。质脆，易折断。稍粗的枝表面红褐色，叶片常脱落而

柽柳枝叶

残留突起的叶基，断面黄白色，中心有髓。气微，味淡。

◆ 药性和功用

西河柳味甘、辛，性平，归心、肺、胃经。具有发表、祛风除湿功能，用于麻疹不透、风湿痹痛。

◆ 成分和药理

西河柳主要含黄酮、三萜、有机酸、挥发油，具有保肝、抗菌、解热、改善呼吸系统等作用。

◆ 用法和禁忌

西河柳为升散之品，既能祛风发表透疹，治疗麻疹不透、风疹瘙

痒；又能祛风除湿，用于风寒湿痹。麻疹初起，疹出不畅，或表邪外束，疹毒内陷者，可单用煎汤熏洗，或配伍淡竹叶、牛蒡子、蝉蜕等药；风疹瘙痒，可配伍防风、荆芥、薄荷等。风湿痹证，肢节疼痛，可配伍羌活、独活、秦艽等。

煎服用量 3 ～ 10 克。麻疹已透者不宜用，用量过大，令人心烦。

蕤　仁

蕤仁是蔷薇科植物蕤核或齿叶扁核木的干燥成熟果核。属发散风热药。始载于《神农本草经》。

◆ 产地和分布

蕤核产于中国河南、山西、陕西、内蒙古、甘肃、四川等省区。生长于山坡阳处或山脚下，海拔 900 ～ 1100 米。性耐干旱。

蕤核果实

齿叶扁核木产于中国山西、陕西、甘肃、青海、四川。生于山坡、山谷以及沟边黄土丘陵地，海拔 800 ～ 2000 米。

夏、秋间采摘成熟果实，除去果肉，洗净，晒干。商品药材主要来自野生。

齿叶扁核木果实

◆ **性状**

蕤仁呈类卵圆形，稍扁，长 7 ～ 10 毫米，宽 6 ～ 8 毫米，厚 3 ～ 5
毫米。表面淡黄棕色，有明显的网状沟纹，间有棕褐色果肉残留，顶端
尖，两侧略不对称。质坚硬。种子扁平卵圆形，种皮薄，浅棕色或红棕
色，易剥落；子叶 2，乳白色，有油脂。气微，味微苦。

◆ **药性和功用**

蕤仁味甘，性微寒，归肝经。具有疏风散热、养肝明目功能，用于
目赤肿痛、睑弦赤烂、目暗羞明。

◆ **成分和药理**

蕤仁主要含挥发油、氰苷、黄酮等，具有消炎、抗菌、抗过敏、镇
静、利尿、止咳祛痰、降血压、降眼压、强心等作用。

◆ **用法和禁忌**

蕤仁长于明目，主要作为眼科专药。与木贼、谷精草配伍用于风热
上攻、目赤肿痛、睑弦赤烂；与枸杞子配伍用治肝肾不足、目暗昏花、
视力减退。

煎服用量 5 ～ 9 克。

青　果

青果是橄榄科植物橄榄的成熟果实。属清热解毒药。又名橄榄。始
载于《日华子本草》。藏青果为非同科属植物，又称西青果，是使君子
科植物诃子的幼果，其效用与青果基本相同。

◆ 产地和分布

青果在中国南方及西南各地多有
生产，主产广东、广西、福建等地。
秋季果实成熟时采收，洗净。鲜用或
晒干，打碎生用。商品药材主要来自
栽培。

橄榄果实

◆ 性状

青果呈纺锤形，两端钝尖，长
2.5～4厘米，直径1～1.5厘米。表
面棕黄色或黑褐色，有不规则皱纹。
果肉灰棕色或棕褐色，质硬。果核梭

青果

形，暗红棕色，具纵棱；内分3室，各有种子1粒。气微，果肉味涩，
久嚼微甜。

◆ 药性和功用

青果味甘、酸，性平，归肺、胃经。具有清热解毒、利咽、生津功
能，用于咽喉肿痛、咳嗽痰黏、烦热口渴、鱼蟹中毒。

◆ 成分和药理

青果主要含黄酮、蛋白质、脂肪、多酚、挥发油、香树脂醇等，具
有解酒护肝、消除自由基、抗氧化、抑菌、抗病毒等作用。

◆ 用法和禁忌

青果功能清热解毒、生津利咽，略兼化痰之功。治风热上袭或热毒

蕴结而致的咽喉肿痛，常与硼砂、冰片、青黛等同用；治咽干口燥、烦渴音哑、咳嗽痰黏，可单用鲜品熬膏服用，亦可与金银花、桔梗、芦根等同用。此外，还有一定的醒酒、解鱼蟹毒作用，鲜品榨汁或水煎服即可。

煎服用量 5 ～ 10 克。

另外，青果还被加工成各种食品，如果脯、果酒、菜类等。

密蒙花

密蒙花是马钱科植物密蒙花的干燥花蕾和花序。属清热泻火药。又名蒙花、小锦花。始载于《开宝本草》。

◆ 产地和分布

密蒙花产于中国山西、陕西、甘肃、江苏、安徽、福建、河南、

密蒙花

湖北、湖南、广东、广西、四川、贵州、云南和西藏等省区。生海拔 200 ～ 2800 米向阳山坡、河边、村旁的灌木丛中或林缘。适应性较强，石灰岩山地亦能生长。不丹、缅甸、越南等也有分布。

春季花未开放时采收，除去杂质，干燥。商品药材主要来自栽培。

◆ 性状

密蒙花多为花蕾密聚的花序小分枝，呈不规则圆锥状，长 1.5 ～ 3

厘米。表面灰黄色或棕黄色，密被茸毛。花蕾呈短棒状，上端略大，长
0.3 ～ 1 厘米，直径 0.1 ～ 0.2 厘米；
花萼钟状，先端 4 齿裂；花冠筒状，
与萼等长或稍长，先端 4 裂，裂片
卵形；雄蕊 4，着生在花冠管中部。
质柔软。气微香，味微苦、辛。

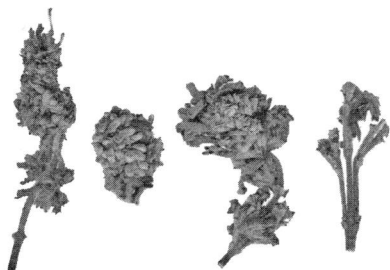

中药密蒙花

◆ **药性和功用**

密蒙花味甘，性微寒，归肝经。具有清热泻火、养肝明目、退翳功
能，用于目赤肿痛、多泪羞明、目生翳膜、肝虚目暗、视物昏花。

◆ **成分和药理**

密蒙花主要含黄酮（蒙花苷等）、三萜及其苷类、挥发油等，具有
降血糖、抗菌、抗氧化、利胆等作用。

◆ **用法和禁忌**

密蒙花清肝明目，用于肝火上炎之目赤肿痛、羞明多泪或目生翳障，
可配石决明、菊花。密蒙花还有微弱的养肝血作用，可配伍枸杞子、熟
地黄等，用于肝虚目昏、干涩。

煎服用量 3 ～ 9 克。

木棉花

木棉花是中国蒙医学常用药材，全花入药或分别使用花的不同部
位。《认药白晶鉴》《无误蒙药鉴》等中有记载。《内蒙古蒙药材标准》

以"木棉花 / 毛敦 – 胡泵音 – 其其格"之名收载，为木棉科植物木棉的干燥花和花蕾。

◆ **产地和性状**

在中国分布于云南、四川（攀枝花、米易）、贵州、广西、江西、广东、福建、台湾等地的亚热带地区。生长于海拔 1400 ～ 1700 米以下的干热河谷、稀树草原、沟谷季雨林中，南方也作为绿化树种栽培。印度，斯里兰卡、中南半岛、马来西亚、印度尼西亚至菲律宾及澳大利亚北部均有分布。春季花开前后采收，晒干或烘干。

木棉花药材（花）常皱缩成团。花萼杯状，长 2 ～ 4 厘米，直径 1.5 ～ 3 厘米，厚革质，裂片钝圆形，有的反曲；外表面棕褐色，有纵皱纹，内表面灰棕色，密被有光泽的绢毛。花瓣 5 片，椭圆状倒卵形或披针状椭圆形，长 3 ～ 8 厘米，宽 1.5 ～ 3.5 厘米；外表面浅棕黄色或浅棕褐色，密被星状毛，内表面紫棕色，有疏毛。雄蕊多数，基部合生呈筒状，最外轮集生成 5 束，柱头 5 裂。气微，味淡、微甘、涩。

花蕾呈椭圆形，常 1.5 ～ 4.5 厘米，直径 1.5 ～ 2.5 厘米，尖端可见花萼 5 裂。外表面灰褐色至黑褐色，具纵裂，顶端露出灰黄色花瓣。

◆ **性味和功用**

味甘、涩，性凉，效钝、糙。花蕾（或花瓣）、花萼、花蕊依次分别清心、肺、肝热。主治心热、肺热、肝热。

花瓣：味甘、涩，性凉。效钝。清热。主治肝热，肺热，心热。

花萼：味甘、涩，性凉。效钝。清热，止血，燥脓。主治气喘、胸闷、咳黄色痰、胸部刺痛、陈旧性创疡、出血、鼻衄、经血淋漓。

花蕊：味甘、涩，性凉。效钝。清热，燥脓。主治肝病、胸胁作痛、黄疸、食欲不振、心肌劳损。

◆ **成分和药理**

含黄酮类：芦丁 (rutin)、异牡荆素（isovitexin）等；脂肪酸类：十六烷酸、亚油酸乙酯、十四烷酸等；挥发油：α- 雪松醇（α-cedrol）、β- 雪松醇（β-cedrol）、庚醛（heptanal）。此外还含有阿拉伯胶、鞣质等。

木棉花醇浸出液对离体蛙心有强心作用。乙醇提取物的乙酸乙酯可溶部位腹腔注射对小鼠角叉菜性足跖肿胀、小鼠二甲苯耳壳肿胀、大鼠蛋清及角叉菜足跖肿胀等炎症模型有较强的抗炎作用；连续给药对慢性增殖性炎症亦有较强的抑制作用。水煎液对植物乳杆菌的生长有较大促进作用，对双歧杆菌的生长也有一定的促进作用。提取物对啤酒酵母、假丝酵母、黑曲霉、拟青霉均有较强的抑制生长效果；对金黄色葡萄球菌有杀菌作用，对大肠杆菌、绿农杆菌有抑菌作用。木棉花瓣沸水提取物能明显降低由四氯化碳所致大鼠血清谷草转氨酶（AST）及谷丙转氨酶（ALT）的升高，减轻肝脂肪变性及肝细胞坏死。总黄酮对四氯化碳致肝纤维大鼠、卡介苗联合脂多糖尾静脉注射致免疫性肝损伤小鼠模型均有保护作用。

◆ **应用**

蒙医认为木棉花（全花）及不同部位的功效有所不同，临床根据需要用于多种疾病，常配方使用。如处方中配伍有木棉花的阿如健脾散，功能为清热健脾，用于脾区疼痛、肠鸣、腹胀、腹泻；八味三香散功能为调节赫依、补心、宁神，用于赫依热攻心、神昏谵语、心脏损伤、心区疼痛；顺气补心十一味丸功能为镇赫依、镇静、安神，用于胸肋刺痛、赫依性癫狂、语言不清等；竹黄十三味散用于肺热咳脓血。木棉花蕊与沉香、野牦牛心或野兔心、肉豆蔻等配伍的沉香十五味散，用于心悸、癫狂、烦躁。木棉花萼与三种角、六良药、赤铜炭等配伍的赤铜炭二十五味丸，用于气喘、胸闷、咯黄色痰、胸部刺痛等肺热病。三种格斯日与红花、胆类等配伍的胆汁搅合剂，用于陈旧性疮疡出血、鼻衄、经血淋漓。木棉花瓣与沉香、广枣、诃子、肉豆蔻、木香、天竹黄或石灰华、白云香等配伍的八味沉香散，用于心热、心悸、胸肋刺痛等症。用法用量：木棉花瓣 3～5 克；入煮散剂；或入丸、散。

珍　珠

珍珠是珍珠贝科动物马氏珍珠贝、蚌科动物三角帆蚌或褶纹冠蚌等双壳类动物受刺激形成的有光泽的圆形固体颗粒。属息风止痉药。又称真珠、蚌珠、珠子等。始载于《雷公炮炙论》。

◆ 产地和分布

海产的天然珍珠主产于中国广东、台湾，淡水养殖的珍珠主产于中国黑龙江、安徽、江苏及上海等地。商品药材主要来自养殖。

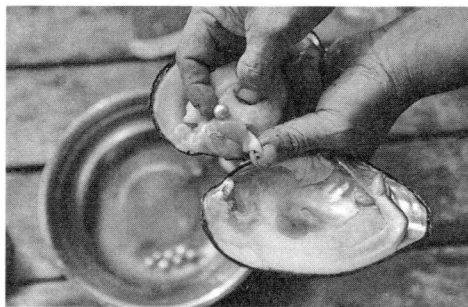
收取珍珠

◆ **性状**

珍珠呈类球形、长圆形、卵圆形或棒形，直径 1.5 ～ 8 毫米。表面类白色、浅粉红色、浅黄绿色或浅蓝色，半透明，光滑或微有凹凸，具特有的彩色光泽。质坚硬，破碎面显层纹。

◆ **药性和功用**

珍珠味甘、咸，性寒，归心、肝经。具有安神定惊、明目消翳、解毒生肌、润肤祛斑功能，用于惊悸失眠、惊风癫痫、目赤翳障、疮疡不敛、皮肤色斑。

◆ **成分和药理**

珍珠主要含有碳酸钙（约占 92%）、蛋白质、氨基酸（富含亮氨酸、牛磺酸、鸟氨酸和甘氨酸）、微量元素、卟啉等，具有延缓衰老、修复眼组织、抗消化系统溃疡、抗肿瘤、促进创伤愈合、淡化皮肤黑色素等作用。

◆ **用法和禁忌**

珍珠与酸枣仁、柏子仁、远志、五味子等养心安神药配伍，可治疗心悸失眠；与西洋参、太子参、枸杞等配伍能益气滋阴、滋补肝肾；与胆南星、天竺黄等化痰药配伍，可以清热化痰、息风止痉；与冰片、麝香等开窍药配伍，能增强其明目消翳功效；与炉甘石、煅龙骨等收湿敛疮生肌药相使为外用，有增强解毒收肌、收湿敛疮的功效。

内服用量 0.1 ～ 0.3 克，多入丸、散；外用适量。不宜与草酸类食物同食，以免引发结石。

桑白皮

桑白皮是桑科植物桑的干燥根皮。属止咳平喘药。又称白桑皮、桑皮、桑根白皮。始载于《神农本草经》。

◆ **产地和分布**

桑主产于中国河南、安徽、浙江、湖南、江苏等地。秋末叶落时至次春发芽前采挖根部，刮去黄棕色粗皮，纵向剖开，剥取根皮，晒干。商品药材主要来自栽培。

◆ **性状**

桑白皮呈扭曲的卷筒状、槽状或板片状，长短宽窄不一，厚 1～4 毫米。外表面白色或淡黄白色，较平坦，有的残留橙黄色或棕黄色鳞片状粗皮；内表面黄白色或灰黄色，有细纵纹。体轻，质韧，纤维性强，难折断，易纵向撕裂，撕裂时有粉尘飞扬。气微，味微甘。

中药桑白皮

◆ **药性和功用**

桑白皮味甘，性寒，归肺经。具有泻肺平喘、利水消肿的功能，用于肺热喘咳、水肿胀满尿少、面目肌肤浮肿。

◆ **成分和药理**

桑白皮主要含有黄酮、香豆素、苯并呋喃衍生物、多糖、甾体、萜类、挥发油等，具有降血糖、降压、利尿、镇咳平喘、抗病毒、抗菌等作用。

◆ **用法和禁忌**

桑白皮与地骨皮、甘草等配伍应用，可清泻肺热、止咳平喘，治疗热邪郁肺、肺气上逆之咳喘、发热。炙桑白皮与杏仁、黄芩、半夏、川贝、鱼腥草等配伍具有止咳化痰、涤肺平喘之功效，能治疗急性支气管炎。桑白皮配伍半夏、苏子、杏仁、贝母、山栀子、黄芩、黄连、生姜，可清肺降气、化痰止咳。

煎服用量为 6 ～ 15 克，或入散剂；外用可捣汁涂或煎水洗。

灯芯草

灯芯草是灯芯草科植物灯芯草的干燥茎髓。属利水通淋药。又称灯草、水灯芯、赤须等。始载于《开宝本草》。

◆ **产地和分布**

灯芯草产于中国江苏，四川、福州、贵州、云南等地亦有分布。生长于水湿处。

夏末至秋季割取茎，晒干，取出茎髓，理直，扎成小把。商品药材主要来自栽培。

◆ **性状**

灯芯草呈细圆柱形，长达 90

灯芯草

厘米，直径 0.1 ～ 0.3 厘米。表面白色或淡黄白色，有细纵纹。体轻，质软，略有弹性，易拉断，断面白色。
气微，味淡。

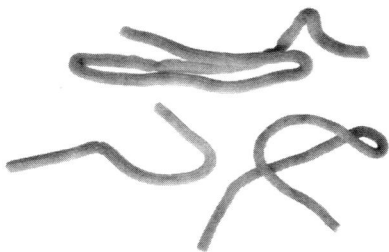
中药灯芯草

◆ **药性和功用**

灯芯草味甘、淡，性微寒，归心、肺、小肠经。具有清心火、利小便功能，用于心烦失眠、尿少涩痛、口舌生疮。

◆ **成分和药理**

灯芯草茎髓含多种菲类衍生物（灯芯草酚、灯芯草二酚、6-甲基灯芯草二酚）、挥发油（α-紫罗酮，β-紫罗酮、香草醛）、纤维素、多糖类和蛋白质等，具有抗氧化、利尿、止血、抗焦虑等作用。

◆ **用法和禁忌**

灯芯草可用于治疗湿热淋证、小便不利、尿少涩痛、湿热黄疸、心烦不眠、口舌生疮等。灯芯草甘淡利湿，可祛湿清热，常与木通、车前子、滑石、淡竹叶等同用以利尿通淋。治疗小便不利、水肿，可配伍猪苓、茯苓、薏苡仁等。对于心烦失眠、小儿夜啼者，可单用或配伍安神药以清心安神。此外，灯芯草还可清热利咽，用于口舌生疮者。

煎服用量1～3克，或入丸、散。心气虚、下焦虚寒、小便不禁者禁用。

淡竹叶

淡竹叶是禾本科植物淡竹叶的干燥茎叶。属清热泻火药。始载于《神农本草经》。

◆ **产地和分布**

淡竹叶产于中国江苏、安徽、浙江、江西、福建、台湾、湖南、广东、广西、四川、云南。生于山坡、林地或林缘、道旁荫蔽处。印度、斯里兰卡、缅甸、马来西亚、印度尼西亚、新几内亚岛及日本均有分布。

夏季未抽花穗前采割,晒干。商品药材主要来自野生。

植物淡竹叶

◆ **性状**

淡竹叶长 25 ～ 75 厘米。茎呈圆柱形,有节,表面淡黄绿色,断面中空。叶鞘开裂。叶片披针形,有的皱缩卷曲,长 5 ～ 20 厘米,宽 1 ～ 3.5 厘米;表面浅绿色或黄绿色。叶脉平行,具横行小脉,形成长方形的网格状,下表面尤为明显。体轻,质柔韧。气微,味淡。

◆ **药性和功用**

淡竹叶味甘、淡,性寒,归心、胃、小肠经。具有清热泻火、除烦止渴、利尿通淋功能,用于热病烦渴、小便短赤涩痛、口舌生疮。

中药淡竹叶

◆ **成分和药理**

淡竹叶含有黄酮、多糖、三萜类、挥发油类、酚酸、氨基酸等,具有解热消炎、退水肿、抗菌、抗病毒、抗氧化、保肝、降血脂、保护心肌等作用。

◆ 用法和禁忌

淡竹叶入心经能清心火以除烦，入胃经可泄胃火以止渴。用治热病伤津，心烦口渴，常配石膏、芦根等，或黄芩、知母、麦冬等药用。用治心胃火盛、心火上炎所致口舌生疮，及心火下移小肠所致热淋涩痛，可配滑石、白茅根、灯芯草等药用。

煎服用量 6 ~ 10 克。阴虚火旺、骨蒸潮热者不宜使用。

楮实子

楮实子是桑科植物构树的干燥成熟果实。属补肝肾药。又称榖木子、纱纸树、构树子等。收录于《名医别录》。

◆ 产地和分布

构树主要分布于中国华东、华南、西南，主产于河北、山西、陕西、甘肃、湖北、湖南等地。多生长于山坡林缘或村寨道旁。

构树

秋季果实成熟时采收，洗净，晒干，除去灰白色膜状宿萼和杂质。商品药材来源于野生或栽培。

◆ 性状

楮实子略呈球形或卵圆形，稍扁，直径约 1.5 毫米。表面红棕色，有网状

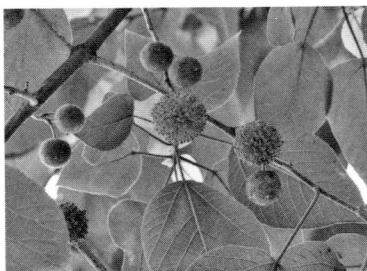

构树果实

皱纹或颗粒状突起，一侧有棱，一侧有凹沟，有的具果梗。质硬而脆，易压碎。胚乳类白色，富油性。气微，味淡。

◆ **药性和功用**

楮实子味甘，性寒，归肝、肾经。具有补肾清肝、明目、利尿之功，用于肝肾不足、腰膝酸软、虚劳骨蒸、头晕目昏、目生翳膜、水肿胀满。

◆ **成分和药理**

楮实子主要含有皂苷、生物碱、多糖等，具有抗氧化、增加免疫、降血脂、抗肿瘤、保肝等作用。

◆ **用法和禁忌**

楮实子善补肝肾之阴，可用于肝肾不足导致的腰膝酸软、虚劳骨蒸、盗汗遗精、头晕目眩等症，常与枸杞子、黑豆配伍。楮实子能清肝明目，凡肝经有热、目生翳障之症，可单用楮实子研末，以蜜汤调下；若风热上攻，目翳流泪、眼目昏花，常配伍荆芥穗、地骨皮。楮实子能助生肾气，可用于气化不利所致水液停滞之膨胀、小便不利等，常与丁香、茯苓同用。外用捣敷，可治痈疽金疮。

煎服用量 6 ～ 12 克，或入丸、散剂；外用适量，捣敷。脾胃虚寒者不宜。

桑　椹

桑椹是桑科植物桑的干燥果穗。属补阴药。又称桑椹子、桑蔗、桑枣等。始载于《新修本草》。

◆ **产地和分布**

桑树在中国各地均有栽培。多生长于丘陵、山坡、村旁、田野等处。

4～6月果实变红时采收，晒干或略蒸后晒干。商品药材多来源于栽培。

植物桑

◆ **性状**

桑椹为聚花果，由多数小瘦果集合而成，呈长圆形，长1～2厘米，直径0.5～0.8厘米。黄棕色、棕红色或暗紫色，有短果序梗。小瘦果卵圆形，稍扁，长约2毫米，宽约1毫米，外具肉质花被片4枚。气微，味微酸而甜。

桑椹

◆ **药性和功用**

桑椹味甘、酸，性寒，归心、肝、肾经。具有滋阴补血、生津润燥之功，用于肝肾阴虚、眩晕耳鸣、心悸失眠、须发早白、津伤口渴、内热消渴、肠燥便秘。

◆ **成分和药理**

桑椹主要含有多酚、挥发油、多糖及氨基酸等，具有抗氧化、保护肝脏、降血脂、保护心脑血管系统、抗菌等作用。

◆ **用法和禁忌**

桑椹能补益肝肾之阴，兼能凉血退热，适用于阴亏血虚之眩晕、目暗、耳鸣、失眠、须发早白等，可以单用，也可以配伍何首乌、女贞子、墨旱莲等药。桑椹还有滋阴生津止渴作用，可配伍麦冬、生地黄、天花粉等，用于治疗津伤口渴或消渴。配伍何首乌、黑芝麻、火麻仁等，可治疗阴亏血虚的肠燥便秘。另外，桑椹还可以酿酒，称桑子酒。桑树的根皮、果实及枝条亦可入药。

　　煎服用量 9 ～ 15 克，或熬膏、浸酒、生食，或入丸、散剂；外用适量，浸水洗。脾胃虚寒泄泻者忌服。

枸杞子

　　枸杞子是茄科植物宁夏枸杞的干燥成熟果实。属补阴药。其始载于《神农本草经》。

◆ 产地和分布

　　宁夏枸杞主要分布于中国西北地区，宁夏、新疆、青海、甘肃、内蒙古等地最为集中，产于宁夏中宁、中卫、银川等地的栽培品通常被称为"西枸杞"。

植物宁夏枸杞

　　夏、秋二季果实呈红色时采收，热风烘干，除去果梗；或晾至皮皱后，晒干，除去果梗。商品药材主要来自栽培。

◆ 性状

　　枸杞子呈类纺锤形或椭圆形，长 6 ～ 20 毫米，直径 3 ～ 10 毫米。表面红色或暗红色，顶端有小凸起状的花柱痕，基部有白色的果梗痕。

果皮柔韧，皱缩；果肉肉质，柔润。种子 20 ～ 50 粒，类肾形，扁而翘，长 1.5 ～ 1.9 毫米，宽 1 ～ 1.7 毫米，表面浅黄色或棕黄色。气微，味甜。

中药枸杞子

◆ **药性和功用**

枸杞子味甘，性平，归肝、肾经。具有滋补肝肾、益精明目功效，用于虚劳精亏、腰膝酸痛、眩晕耳鸣、阳痿遗精、内热消渴、血虚萎黄、目昏不明等。

◆ **成分和药理**

枸杞子主要含有枸杞多糖、甜菜碱、类胡萝卜素等，具有调节免疫、抗衰老、抗肿瘤、降血糖、降血脂、保肝、抗疲劳等作用。

◆ **用法和禁忌**

枸杞子是著名的药食两用中药，具很好的保健功效。治疗肝肾不足、精血亏虚之头目眩晕、视力减退，常配伍菊花、熟地黄等。配伍地黄、沙参等，可用于治疗肝肾阴虚之腰膝酸软、遗精等。与地黄、麦冬等同用，可治疗阴虚消渴等。

煎服用量 6 ～ 12 克，可入丸、散、膏、酒剂。作为滋养品食用时不宜过量，健康的成年人每天食用枸杞 15 ～ 20 克为宜，若是作药用，则一天可以食用 30 克。外邪实热，脾虚有湿及泄泻者忌服。

金钱草

金钱草是报春花科植物过路黄的干燥全草。属利水渗湿药。又称蜈蚣草、神仙对坐草、大金钱草等。始载于《本草纲目拾遗》。

◆ 产地和分布

金钱草主要产于中国四川及长江流域各省。夏秋二季采收，除去杂质，晒干。商品药材主要来源于野生。

◆ 性状

金钱草常缠结成团，无毛或

过路黄

被疏柔毛。茎扭曲，表面棕色或暗红棕色。有纵纹，下部茎节上有时具须根，断面实心。叶对生，多皱缩，展平后呈宽卵形或心形，长1～4厘米，宽1～5厘米，基部微凹，主脉明显突起，用水浸后，对光透视可见黑色或褐色条纹；叶柄长1～4厘米。有的带花，花黄色，单生叶腋，具长梗。蒴果球形。气微，味淡。

◆ 药性和功用

金钱草味甘、咸，性微寒，归肝、胆、肾、膀胱经。具有利湿退黄、利尿通淋、解毒消肿、散瘀排石功能，用于湿热引起的黄疸、肝胆结石引起的胆胀胁痛、石淋、热淋、痈肿疔疮、毒蛇咬伤等。

◆ 成分和药理

金钱草主要含黄酮（槲皮素、山柰酚、二甲氧基查尔酮等）、挥发油、皂苷类等，具有抑制乙型肝炎表面抗原、抑制结石、促进胆汁分泌和排泄、利尿、抗炎、抗菌等作用。

◆ 用法和禁忌

金钱草为治疗湿热黄疸之佳品，亦能消除结石；还善利尿通淋，且入肾和膀胱经，为治石淋之要药。治疗湿热引起的淋证，可用大剂量金钱草煎汤代茶，也可以与利水渗湿药配伍使用；治疗肝胆结石、湿热黄疸等症，可与黄芩、大黄等同用；对于毒蛇咬伤等毒症，常用鲜草捣汁内饮或外敷，也可与蒲公英等清热解毒药配伍使用；还可祛除风湿，治疗骨痛；浸在酒中可舒筋骨，活经络，治疗跌打损伤。

煎服用量 15 ～ 60 克，鲜品需要加倍，或者捣汁服用；外用捣敷，适量。可能引起接触性皮炎和过敏反应等不良作用。

大　枣

大枣是鼠李科植物枣的干燥成熟果实。属补气药。又称壶、木蜜、干枣、美枣等。始载于《神农本草经》。

◆ 产地和分布

枣在中国广泛分布。本种原产中国，现在亚洲、欧洲和美洲常有栽培。生长于海拔 1700 米以下的山区、丘陵或平原。

秋季果实成熟时采收，晒干。商品药材来源于

植物枣

栽培。

枣的果实

◆ 性状

大枣呈椭圆形或球形，长2～3.5厘米，直径1.5～2.5厘米。表面暗红色，略带光泽，有不规则皱纹。基部凹陷，有短果梗。外果皮薄，中果皮棕黄色或淡褐色，肉质，柔软，富糖性而油润。果核纺锤形，两端锐尖，质坚硬。气微香，味甜。

◆ 药性和功用

大枣味甘，性温，归脾、胃、心经。具有补中益气、养血安神的功效，用于脾虚食少、乏力便溏、妇人脏躁。

◆ 成分和药理

大枣主要含有三萜（如白桦脂酸、齐墩果酸、熊果酸）、黄酮、核苷（如环磷酸腺苷、环磷酸鸟苷）、糖、脂肪酸等，具有免疫调节、抗氧化、抗衰老、改善造血功能、保肝、降脂、抗肿瘤等作用。

◆ 用法和禁忌

大枣能补中益气，为调补脾胃的常用辅助药。治疗脾虚食少便溏、倦怠乏力等，常配伍党参、白术等。大枣还能补气养血安神，治疗血虚萎黄，常配伍熟地、阿胶；治疗脏躁神志不安，常配伍甘草、小麦，以养心宁神。大枣还可减少烈性药的副作用，保护正气，用于药性峻烈的方剂中，如十枣汤中大枣可以缓解甘遂、大戟、芫花之峻下与毒性，保护脾胃。此外，大枣常配伍生姜入解表剂以调和营卫，入补益剂以调补脾胃，增强疗效。另外，大枣为鲜食、干食果品，还可用作保健食品。

煎服用量 10 ～ 30 克。凡有湿痰、积滞，齿病、虫病者均不相宜。

土茯苓

土茯苓是百合科植物光叶菝葜的干燥根茎。属清热解毒药。又名禹余粮。禹余粮始载于《本草经集注》，自《本草纲目》始称土茯苓。

◆ **产地和分布**

土茯苓主产于中国广东、湖南、湖北等地。夏、秋二季采挖，除去须根，洗净，干燥。商品药材主要来自栽培。

◆ **性状**

土茯苓略呈圆柱形、稍扁

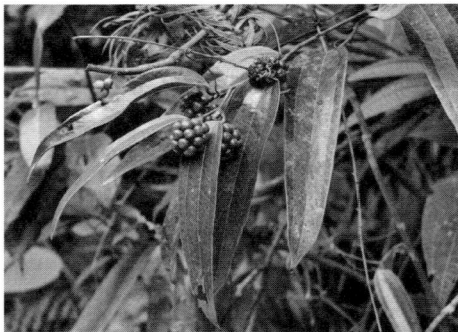

光叶菝葜

或不规则条块，有结节状隆起，具短分枝，长 5 ～ 22 厘米，直径 2 ～ 5 厘米。表面黄棕色或灰褐色，凹凸不平，有坚硬的须根残基，分枝顶端有圆形芽痕，有的外皮现不规则裂纹，并有残留的鳞叶。质坚硬。切片呈长圆形或不规则，厚 1 ～ 5 毫米，边缘不整齐；切面类白色至淡红棕色，粉性，可见点状维管束及多数小亮点；质略韧，折断时有粉尘飞扬，以水湿润后有黏滑感。气微，味微甘、涩。

◆ **药性和功用**

土茯苓味甘、淡，性平，归肝、胃经。具有解毒、除湿、通利关节功能，用于梅毒及汞中毒所致的肢体拘挛、筋骨疼痛、湿热淋浊、带下、痈肿、瘰疬、疥癣。

◆ 成分和药理

土茯苓主要含有机酸（琥珀酸、棕榈酸等）、多糖、黄酮苷（落新妇苷等）、甾醇、挥发油等，具有抗菌、抗惊厥、抗炎、镇痛、抗肿瘤和抗病毒等作用。

◆ 用法和禁忌

土茯苓既能解毒利湿、通利关节，又兼解汞毒，故对梅毒或因梅毒服汞剂中毒而致肢体拘挛、筋骨疼痛者疗效尤佳，为治梅毒要药。可单用水煎服，或与金银花、威灵仙、甘草等同用；若因服汞剂中毒而致肢体拘挛者，常配伍薏苡仁、防风、木瓜等药。治热淋，常与萹蓄、蒲公英、车前子同用；治湿热皮肤瘙痒，可与地肤子、白鲜皮、茵陈等配伍。此外，土茯苓兼可消肿散结。治痈疮红肿溃烂，研为细末以醋调敷，亦常与苍术、黄柏、苦参等药同用。

煎服用量 15～60 克。肝肾阴虚者慎服。服药时忌茶。

白扁豆

白扁豆是豆科植物扁豆的干燥成熟种子。属补气药。又称藊豆、白藊豆、南扁豆。始载于《名医别录》。

◆ 产地和分布

扁豆在中国各地均有栽培。秋季种子成熟时，摘取荚果，剥出种子，晒干，拣净杂质。商品药材主要来自栽培。

◆ **性状**

白扁豆呈扁椭圆形或扁卵圆形，长 8 ～ 13 毫米，宽 6 ～ 9 毫米，厚约 7 毫米。表面淡黄白色或淡黄色，平滑，略有光泽，一侧边缘有隆起的白色眉状种阜。质坚硬。种皮薄而脆，子叶 2，肥厚，黄白色。气微，味淡，嚼之有豆腥气。

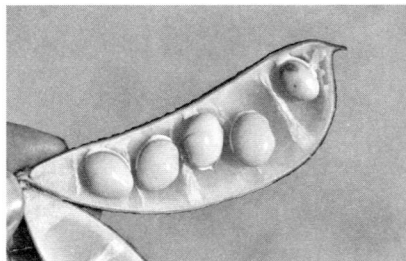

扁豆种子

中药白扁豆

◆ **药性和功用**

白扁豆味甘、淡，性微温、平，归脾、胃经。具有健脾、化湿、消暑的功效，用于脾虚生湿、食少便溏、白带过多、暑湿吐泻、烦渴胸闷。

◆ **成分和药理**

白扁豆主要含有脂肪油（其中脂肪酸有棕榈酸、亚油酸、反油酸、油酸、硬脂酸、花生酸、山嵛酸等）、甾体、生物碱（如胡芦巴碱）等，具有抗病毒、调节免疫系统、增进消化吸收、抑菌等作用。

◆ **用法和禁忌**

白扁豆补脾不腻、除湿不燥，为健脾化湿之良药。治疗脾虚湿盛、运化失常之食少便溏或泄泻，以及脾虚湿浊下注之白带过多等症，常配伍人参、白术、茯苓等药。白扁豆还有和中消暑功效，治疗暑湿吐泻，可单用以水煎服，或配伍香薷、厚朴等药同用。此外，白扁豆还可用于治疗食物中毒，如酒毒、河鲀毒及某些药物所引起的呕吐或吐泻并作，可单用鲜品绞汁服用，亦可研末或水煎服。健脾止泻宜炒用，消暑、解毒宜生用。

煎服用量 10～15 克，或生品捣研绞汁，或入丸、散剂；外用适量，捣敷。白扁豆含毒性蛋白，生用有毒，加热后毒性大大减弱，故生用研末服宜慎；阴寒内盛者慎用。

山　药

山药是薯蓣科植物薯蓣的干燥根茎。属补气药。又称薯蓣、土薯、山薯蓣。始载于《神农本草经》。

◆ **产地和分布**

薯蓣分布于中国华北、西北、华东和华中地区。生长于山坡、山谷林下、溪边、路旁的灌丛或杂草中。

每年 11～12 月采挖，切去根头，洗净泥土，用竹刀刮去外皮，晒干或烘干。商品药材主要来自栽培。

◆ **性状**

山药略呈圆柱形，弯曲而稍扁，长 15～30 厘米，直径 1.5～6 厘米。

植物薯蓣

薯蓣根茎

表面黄白色或淡黄色，有纵沟、纵皱纹及须根痕，偶有浅棕色外皮残留。体重，质坚实，不易折断，断面白色，粉性。无臭，味淡、微酸，嚼之发黏。

中药山药

光山药呈圆柱形，两端平齐，长 9～18 厘米，直径 1.5～3 厘米。表面光滑，白色或黄白色。

◆ **药性和功用**

山药味甘，性平，归脾、肺、肾经。有补脾养胃、生津益肺、补肾涩精功效，用于脾虚食少、久泻不止、肺虚喘咳、肾虚遗精、带下、尿频、虚热消渴。麸炒山药可补脾健胃，用于脾虚食少、泄泻便溏、白带过多。

◆ **成分和药理**

山药主要含有酚类（如山药素 I、II、III、IV、V）、甾醇（如胆甾烷醇、24R-α-甲基胆甾烷醇）等，具有降低血糖、调整肠运动、增强免疫、雄性激素样、抗氧化、抗衰老的作用。

◆ **用法和禁忌**

山药既可补脾气，又可益脾阴，且性兼涩而止泻，故凡脾虚食少、体倦便溏、儿童消化不良的泄泻，以及妇女带下等皆可应用，常配伍人参（或党参）、白术、茯苓等。山药还可益肺肾阴，并能固涩肾精，治疗肺虚咳喘或肺肾两虚之久咳久喘，常配伍人参、麦冬、五味子等；治疗肾虚不固的遗精、尿频等，常配伍熟地、山茱萸、菟丝子等；治疗肾虚不固之带下清稀，常配伍熟地黄、山茱萸、五味子等；治疗脾虚有湿的带下清稀、绵绵不休，则配伍党参、白术、车前子等；若带下发黄而有湿热，则配伍黄柏、椿皮等。山药还有益气养阴、生津止渴功效，治疗阴虚内热、口渴多饮、小便频数的消渴证，可配伍黄芪、知母、五味子等。补阴生津宜生用，健脾止泻宜炒黄用。此外，山药还是食用蔬菜，可用于食疗药膳及保健品。

煎服用量 15 ～ 30 克，大剂量 60 ～ 250 克；或入丸、散剂；外用适量，捣敷。湿盛中满或有实邪、积滞者禁服。

金银花

金银花是忍冬科植物忍冬的干燥花蕾或带初开的花。属清热解毒药。又名忍冬花、双花。始载于《新修本草》。在宋代及以前多以忍冬的藤、叶入药，而到了明代，对花的应用越来越多，并逐渐发展至茎、叶和花并用。明代以后，人们对温病学的认知、金银花功效的掌握更加全面，更强调用花，《得配本草》也写道"藤、叶皆可用花尤佳"。后来，忍冬的茎叶逐渐分化为另一种独立

忍冬

的药材忍冬藤。

◆ 产地和分布

金银花在中国南北各地均有分布，主产于山东、河南、河北等地。生于山坡灌丛、沟边或疏林中。

夏初花开放前采收，干燥。生用，炒用或制成露剂使用。商品药材主要来自栽培。

◆ 性状

金银花呈棒状，上粗下细，略弯曲，长 2 ～ 3 厘米，上部直径约 3 毫米，下部直径约 1.5 毫米。表面黄白色或绿白色（贮久色渐深），密被短柔毛。偶见叶状苞片。花萼绿色，先端 5 裂，裂片有毛，长约 2 毫米。开放者花冠筒状，先端二唇形；雄蕊 5，附于筒壁，黄色；雌蕊 1，子房无毛。气清香，味淡、微苦。

◆ 药性和功用

金银花味甘，性寒，归肺、心、胃经。具有清热解毒、疏散风热功能，用于痈肿疔疮、喉痹、丹毒、热毒血痢、风热感冒、温病发热。

◆ 成分和药理

金银花主要含有机酸（绿原酸等）、黄酮（木犀草素等）、三萜皂苷、挥发油等，具有抗菌、抗病毒、退热、抗氧化、保肝利胆、抗肿瘤、止血、降低胆固醇、抗生育、兴奋中枢、促进胃液分泌等作用。

◆ 用法和禁忌

金银花甘寒，清热解毒、散痈消肿力强，为治热毒疮痈之要药，适用于各种热毒壅盛之外痈内痈。治疗痈疮初起、红肿热痛者，可单用煎服，并用药渣外敷患处，亦可与当归、赤芍、白芷等配伍；治疗疮肿毒、坚硬根深者，常与野菊花、蒲公英等同用；治肠痈腹痛者，常与当归、地榆、玄参等配伍；治肺痈咳吐脓血，常与鱼腥草、苇茎、薏苡仁等清肺排脓药配伍。金银花还有凉血解毒止痢之效，治热毒血痢与黄连、白头翁等同用，以增强止痢效果。还能疏散风热，适用于外感风热，温热病。温病初起，身热头痛、咽痛口渴，常与连翘、薄荷、牛蒡子等同用；治气分热盛壮热烦渴，可与石膏、知母等清热泻火药同用；还有透营转气之功，与生地黄、玄参等清热凉血药配伍，可治热入营分、身热夜甚、神烦少寐。此外，金银花煎汤代茶饮，或用金银花露，或与鲜扁豆花、鲜荷叶等同用，可治外感暑热。疏散风热、清泄里热以生品为佳，炒炭宜用于热毒血痢，露剂多用于暑热烦渴。

煎服用量 6 ～ 15 克。脾胃虚寒及气虚疮疡脓清者忌用。

山银花

山银花是忍冬科植物灰毡毛忍冬、红腺忍冬、华南忍冬或黄褐毛忍冬的干燥花蕾或带初开的花。属清热解毒药。又名山花、南银花、山金银花等。始载于《中国药典（1977 年版）》。

◆ 产地和分布

山银花产于中国四川、广东、安徽等省区。夏初花开放前采收。商品药材主要来自栽培。

◆ **性状**

灰毡毛忍冬呈棒状而稍弯曲，长 3 ～ 4.5 厘米，上部直径约 2 毫米，下部直径约 1 毫米。表面黄色或黄绿色。花梗集结成簇，开放者花冠裂片不及全长之半。质稍硬，手捏之稍有弹性。气清香，味微苦甘。

红腺忍冬长 2.5 ～ 4.5 厘米，直径 0.8 ～ 2 毫米。表面黄白至黄棕色，无毛或疏被毛，萼筒无毛，先端 5 裂，裂片长三角形，被毛，开放者花冠下唇反转，花柱无毛。

华南忍冬花

华南忍冬长 1.6 ～ 3.5 厘米，直径 0.5 ～ 2 毫米。萼筒和花冠密被灰白色毛。

黄褐毛忍冬长 1 ～ 3.4 厘米，直径 1.5 ～ 2 毫米。花冠表面淡黄棕色或黄棕色，密被黄色茸毛。

◆ **药性和功用**

山银花味甘，性寒，归肺、心、胃经。具有清热解毒、疏散风热功能，用于痈肿疔疮、喉痹、丹毒、热毒血痢、风热感冒、温热发病。

◆ **成分和药理**

山银花主要含有机酸（绿原酸等）、挥发油、黄酮、苷类等，具有抗炎、抗菌、抗病毒、抗氧化、保肝、抗肿瘤等作用。

◆ **用法和禁忌**

山银花用法常同金银花，适用于各种热毒壅盛之外疡内痈。治疗痈疮初起，红肿热痛者，可单用煎服，并用药渣外敷患处；治疗疮肿毒、坚硬根深者，常与野菊花、蒲公英等同用。山银花还有凉血解毒止痢之效，可用治热毒血痢，单用浓煎服，或与黄连、白头翁等同用，以增强止痢效果。还能疏散风热，适用于外感风热，温热病。温病初起，身热头痛，咽痛口渴，常与连翘、薄荷、牛蒡子等同用；治气分热盛壮热烦渴，可与石膏、知母等清热泻火药同用。且山银花能解暑热，煎汤代茶饮，或与鲜扁豆花、鲜荷叶等同用，治外感暑热。

煎服用量 6 ～ 15 克。脾胃虚寒及气虚疮疡脓清者忌用。

胖大海

胖大海是梧桐科植物胖大海的干燥成熟种子。属清热化痰药。又称安南子、大洞果。始载于《本草纲目拾遗》。

◆ 产地和分布

胖大海生长于热带地区，分布于越南、印度、马来西亚、泰国及印度尼西亚等国。中国广东湛江、海南、广东东兴、云南西双版纳已有引种。

4 ～ 6 月果实开裂时采取成熟的种子，晒干。为进口商品，销往全国各地。商品药材主要来源于进口。

植物胖大海

◆ **性状**

胖大海呈纺锤形或椭圆形，长 2～3 厘米，直径 1～1.5 厘米。先端钝圆，基部略尖而歪，具浅色的圆形种脐。表面棕色或暗棕色，微有光泽，具不规则的干缩皱纹。外层种皮极薄，质脆，易脱落。中层种皮较厚，黑褐色，质松易碎，遇水膨胀成海绵状。断面可见散在的树脂状小点。内层种皮可与中层种皮剥离，稍革质，内有 2 片肥厚胚乳，广卵形；子叶 2 枚，菲薄，紧贴于胚乳内侧，与胚乳等大。气微，味淡，嚼之有黏性。

中药胖大海

◆ **药性和功用**

胖大海味甘，性寒，归肺、大肠经。具有清热润肺、利咽开音、润肠通便功能，用于肺热声哑、干咳无痰、咽喉干痛、热结便闭、头痛目赤。

◆ **成分和药理**

胖大海主要含糖类、挥发油、脂肪酸（如十六烷酸、辛酸、壬酸）等，具有泻下、降压、抗病毒、抗炎、镇痛、解痉、抑制流感病毒等作用。其种仁有毒，中毒后可见呼吸困难及运动失调等症，严重者可以导致死亡。

◆ **用法和禁忌**

胖大海适宜于干咳、咽喉肿痛、音哑等。治疗风热外侵、肺热郁闭所致的干咳无痰、咽喉燥痛、声音嘶哑者，可单味泡服或配薄荷、蝉蜕等以加强清宣之力。肺热较甚、咽痛较重者，可配伍金银花、玄参等清热解毒利咽之品共用。治疗肺热伤津而致咳喘、痰稠不利、大便干结者，可与泻肺平喘之桑白皮、地骨皮合用，以清热润肺、爽痰豁痰。治疗热结便秘或伴头痛、目赤、牙痛等，轻者用胖大海单味泡服即可取效，重者尚需配伍清热泻下药同用。治疗热毒蕴结而致肠热便燥、下血者，借其清热通便之功，以收止血之效，可用胖大海数枚，加冰糖泡服；亦可与炒槐花、地榆炭、荆芥炭等配伍煎服。

　　煎汤或开水泡用量 2 ～ 4 枚，大剂量可用至 10 枚，入散剂用量减半。脾虚便溏者慎用，不宜大量服用。

黄　芪

　　黄芪是豆科植物蒙古黄芪或膜荚黄芪的干燥根。属补气药。又称黄耆、百本、黄参等。始载于《神农本草经》。

◆ 产地和分布

　　蒙古黄芪产于中国内蒙古、黑龙江、河北、山西。生长于向阳草地及山坡上。

　　膜荚黄芪产于中国东北、华北及西北。生长于林缘、灌丛或疏林下，亦见于山坡草地或草甸中。

　　春、秋二季采挖，除去须根和根头，晒干。商品药材主要来自栽培。

植物蒙古黄芪

◆ 性状

黄芪呈圆柱形,有的有分枝,上端较粗,长30~90厘米,直径1~3.5厘米。表面淡棕黄色或淡棕褐色,有不整齐的纵皱纹或纵沟。质硬而韧,不易折断,断面纤维性强,并显粉性,皮部黄白色,木部淡黄色,有放射状纹理和裂隙,老根中心偶呈枯朽状,黑褐色或呈空洞。气微,味微甜,嚼之微有豆腥味。

中药黄芪

◆ 药性和功用

黄芪味甘,性微温,归肺、脾经。具有补气升阳、固表止汗、利水消肿、生津养血、行滞通痹、托毒排脓、敛疮生肌功能,用于气虚乏力、食少便溏、中气下陷、久泻脱肛、便血崩漏、表虚自汗、气虚水肿、内热消渴、血虚萎黄、半身不遂、痹痛麻木、痈疽难溃、久溃不敛。

◆ 成分和药理

黄芪主要含有三萜皂苷(如黄芪皂苷Ⅰ、Ⅱ、Ⅲ、Ⅳ)、黄酮(如毛蕊异黄酮、芒柄花素、毛蕊异黄酮葡萄糖苷)、多糖等,具有免疫调节、抗衰老、抗应激、抗心肌缺血、抗菌、抗病毒、抗肿瘤等作用。

◆ 用法和禁忌

黄芪为最常用补气药,凡气虚体弱,症见精神萎靡、气短懒言、四肢无力、脉象缓弱或大而无力者用之最宜,若与党参配伍,则补气效果更显著。黄芪配伍人参,可用于免疫缺陷疾病的治疗;配伍山茱萸肉,可治疗肝肾亏虚所致小便量多的糖尿病；配伍丹参，可用于冠心病的治疗；配伍白术、防风可治疗体虚自汗；配伍党参、当归、陈皮、升麻，可治疗脾胃虚弱及气虚下陷引起的胃下垂、肾下垂、子宫下垂；配伍甘草，可治疗萎黄焦渴；配伍木兰，可治疗酒疸黄疾。

煎服用量 10 ～ 15 克，大剂量可用 30 ～ 60 克。凡表实邪盛、气滞湿阻、食积内停、阴虚阳亢、痈疽初起或溃后热毒尚盛者，均应慎用。

钩　藤

钩藤是茜草科植物钩藤、大叶钩藤、毛钩藤、华钩藤或无柄果钩藤的干燥带钩茎枝。属息风止痉药。又称钩丁、鹰爪风。始载于《名医别录》。

◆ 产地和分布

钩藤产于中国广东、广西、云南、贵州、福建、湖南、湖北及江西；日本亦有分布。

大叶钩藤产于中国云南、广西、广东、海南；印度、不丹、孟加拉国、缅甸、泰国北部、老挝、越南亦有分布。

毛钩藤为中国特有，产于广东、广西、贵州、福建及台湾。

华钩藤为中国特有，产于四川、广

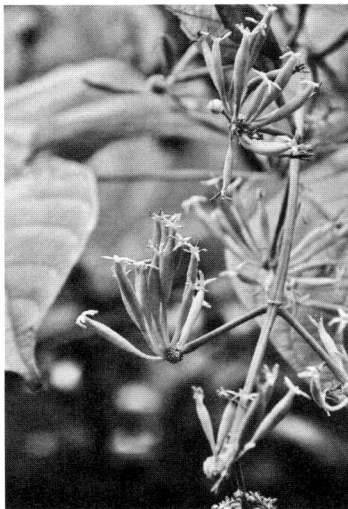

大叶钩藤

西、云南、湖北、贵州、湖南、陕西、甘肃。常生于山谷溪边的疏林或
灌丛中。

无柄果钩藤产于广西和云南，生于密林下或林谷灌丛中；印度、孟
加拉国、不丹、缅甸、尼泊尔、越南北部及老挝亦有分布。

秋、冬二季采收，去叶，切段，晒干。商品药材来自野生或者
栽培。

◆ **性状**

钩藤茎枝呈圆柱形或类方柱形，长 2～3 厘米，直径 0.2～0.5 厘米。
表面红棕色至紫红色者具细纵纹，光滑无毛；黄绿色至灰褐色者有的可
见白色点状皮孔，被黄褐色柔毛。多数枝节上对生两个向下弯曲的钩
（不育花序梗），或仅一侧有钩，另一侧为突起的疤痕；钩略扁或稍圆，
先端细尖，基部较阔；钩基部的枝上可见叶柄脱落后的窝点状痕迹和环
状的托叶痕。质坚韧，断面黄棕色，皮部纤维性，髓部黄白色或中空。
气微，味淡。

◆ **药性和功用**

钩藤味甘，性凉，归肝、心包经。具有息风定惊、清热平肝功能，
用于肝风内动、惊痫抽搐、高热惊厥、感冒夹惊、小儿惊啼、妊娠子痫、
头痛眩晕等。

◆ **成分和药理**

钩藤含有生物碱类、三萜类、黄酮类、醌类、木脂素等，具有抗癫
痫、抗精神依赖、降血压、抗脑缺血、镇静催眠、免疫调节、抗癌、抗
肿瘤、抗炎、抗氧化等作用。

◆ **用法和禁忌**

钩藤甘凉、入肝经，长于清肝热、息肝风，为治肝风内动、惊痫抽搐之常用药物，尤宜于肝经热极风动之高热惊厥、四肢抽搐等，常与羚羊角、白芍、菊花等同用。治疗小儿急惊风，症见壮热惊悸、牙关紧闭、手足抽搐者，可与羚羊角、天麻、全蝎等同用。钩藤既能清肝热，又善平肝阳，可用于肝阳上亢或肝火上炎所致的头痛头胀、眩晕等，前者常与夏枯草、煅磁石、珍珠母等同用，后者可与夏枯草、栀子、菊花等同用。此外，钩藤还可用于感冒夹惊、风热头痛及小儿惊哭夜啼。

煎服用量 3 ～ 12 克。

龙眼肉

龙眼肉是无患子科植物龙眼的干燥假种皮。属补血药。又称圆眼、桂圆等。始载于《神农本草经》。

◆ **产地和分布**

龙眼在中国西南部至东南部栽培很广，以福建、台湾最盛，广东次之。多栽培于堤岸和园圃，广东、广西南部及云南亦见野生或半野生于疏林中。

夏、秋二季采收成熟果实，干燥，除去壳、核，晒至干爽不黏。商品药材主要来源于栽培。

植物龙眼

◆ **性状**

龙眼肉为纵向破裂的不规则
薄片，或呈囊状，长约 1.5 厘米，
宽 2 ～ 4 厘米，厚约 0.1 厘米。
棕黄色至棕褐色，半透明。外表
面皱缩不平，内表面光亮而有细
纵皱纹。薄片者质柔润，囊状者
质稍硬。气微香，味甜。

中药龙眼肉

◆ **药性和功用**

龙眼肉味甘，性温，归心、脾经。具有补益心脾、养血安神之功，
用于气血不足、心悸怔忡、健忘失眠、血虚萎黄。

◆ **成分和药理**

龙眼肉主要含有萜类、甾醇、糖类等，具有抗衰老、抗应激、抗焦
虑、抗肿瘤、增强免疫力、调节内分泌、抑菌等作用。

◆ **用法和禁忌**

龙眼肉为滋补良药，能补益心脾，既不滋腻，又不壅气，常用于思
虑过度、劳伤心脾引起的惊悸、怔忡、失眠、健忘，单用即有效，与黄
芪、人参、当归、酸枣仁等补气养血安神药同用效果更好。龙眼肉加白
糖蒸熟，开水冲服，可治气血不足。

煎服用量 9 ～ 15 克，大剂量 30 ～ 60 克，也可熬膏、浸酒或入丸、
散剂。内有痰火及湿滞停饮者忌服。

熟地黄

　　熟地黄是玄参科植物地黄的新鲜或干燥块根的炮制加工品。属补血药。又称熟地。始载于《本草图经》。

◆ **产地和制法**

　　地黄主产于中国河南、浙江等地，河北、湖南、湖北、四川等地亦产。河南温县、孟州、武陟等地古称"怀庆府"，栽培历史最长，所产为道地药材，称"怀地黄"，为四大怀药之一。

植物地黄

　　取生地黄，按照酒炖法（《中国药典》通则 0213）炖至酒吸尽，取出，晾晒至外皮黏液稍干时，切厚片或块，干燥即得。每 100 千克生地黄，用黄酒 30 ～ 50 千克。也可取生地黄，照蒸法（《中国药典》通则 0213）蒸至黑润，取出，晒至约八成干时，切厚片或块，干燥，即得。商品药材主要来源于栽培。

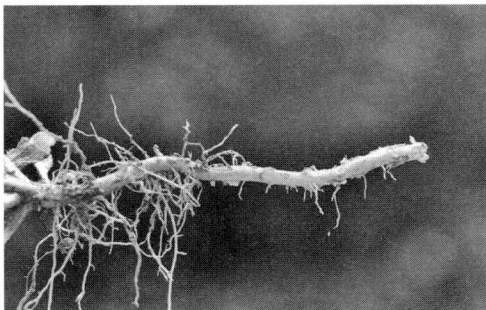

地黄块根

◆ **性状**

熟地黄为不规则的块片、碎块，大小、厚薄不一。表面乌黑色，有光泽，黏性大。质柔软而带韧性，不易折断，断面乌黑色，有光泽。气微，味甜。

熟地黄饮片

◆ **药性和功用**

熟地黄味甘，性微温，归肝、肾经。具有补血滋阴、益精填髓功效，用于血虚萎黄、心悸怔忡、月经不调、崩漏下血、肝肾阴虚、腰膝酸软、骨蒸潮热、盗汗遗精、内热消渴、眩晕、耳鸣、须发早白。

◆ **成分和药理**

熟地黄主要含环烯醚萜苷（如梓醇、地黄苷 A、桃叶珊瑚苷）、糖脂（如毛蕊花糖苷）、多糖、寡糖等，具有止血、补血、增强心脏收缩力、稳定血压、降血糖、促进免疫、镇静、抗衰老、抗炎、利尿等作用。

◆ **用法和禁忌**

熟地黄具有养血滋阴、补精益髓之功，凡腰酸脚软、头晕眼花、耳鸣耳聋、须发早白等精血亏虚证均可应用。熟地黄为补血要药，常用于血虚诸证及妇女月经不调、崩漏等症。配伍当归、川芎、白芍的四物汤是补血调经的基本方。熟地黄为滋阴的主药，如六味地黄丸，即由熟地黄配伍山药、山萸肉等组成，可治肾阴不足引起的潮热、盗汗、遗精、消渴等。

煎服用量 9 ～ 15 克，或入丸、散，或熬膏，或浸酒。宜与健脾胃药如陈皮、砂仁等同用。脾胃虚弱、气滞痰多、腹满便溏者忌服。

本书编著者名单

编著者（按姓氏笔画排列）

万 婕	王丽芝	王瑞刚	王勤南
邓祖湖	叶志彪	成 波	朱加进
乔延江	伊六喜	向 丽	向瑞春
向增旭	刘 洋	刘元法	刘长城
李 玥	李 坤	李国婧	连学智
肖小河	吴毓林	张 辉	张 澪
张惟杰	陆德培	陈 兴	邵 科
欧阳亮	金 华	孟祥河	胡志刚
胡秀婷	胡晓波	钟卫红	钟国跃
饶广远	洪 然	徐 亮	殷军艺
高 月	唐 亚	曹 岚	曹鸿志
梁仲荪	傅承新	谭宏伟	